ROBOT RIGHTS

机器人权利

[美] 大卫·J. 贡克尔 (David J. Gunkel) 著

李奉栖 张云 郑志峰 杨春梅 译

清华大学出版社

北京

北京市版权局著作权合同登记号　图字：01-2019-2121

Library of Congress Cataloging-in-Publication Data

Names: Gunkel, David J., author.
Title: Robot rights/David J. Gunkel.
Description: Cambridge, MA: MIT Press, [2018] | Includes bibliographical references and index.
Identifiers: LCCN 2018013459 | ISBN 9780262038621 (hardcover: alk. paper)
Subjects: LCSH: Robots--Human factors. | Robots--Moral and ethical aspects.
Classification: LCC TJ211.49.G88 2018 | DDC 179--dc23 LC record available at https://lccn.loc.gov/2018013459

ISBN: 978-0-262-03862-1

版权所有，侵权必究。侵权举报电话：010-62782989　13701121933

图书在版编目（CIP）数据

机器人权利／（美）大卫·J.贡克尔（David J. Gunkel）著；李奉栖等译. —北京：清华大学出版社，2020.4
　书名原文：Robot Rights
　ISBN 978-7-302-54970-3

Ⅰ.①机⋯　Ⅱ.①大⋯ ②李⋯　Ⅲ.①机器人－技术伦理学　Ⅳ.①TP242②B82-057

中国版本图书馆 CIP 数据核字（2020）第 033972 号

责任编辑：李文彬
封面设计：傅瑞学
责任校对：王淑云
责任印制：宋　林

出版发行：清华大学出版社
　　　　网　　址：http://www.tup.com.cn，http://www.wqbook.com
　　　　地　　址：北京清华大学学研大厦A座　邮　　编：100084
　　　　社 总 机：010-62770175　　　　　　　邮　　购：010-62786544
　　　　投稿与读者服务：010-62776969，c-service@tup.tsinghua.edu.cn
　　　　质量反馈：010-62772015，zhiliang@tup.tsinghua.edu.cn
印 装 者：三河市龙大印装有限公司
经　　销：全国新华书店
开　　本：155mm×235mm　　印　　张：17.75　　字　　数：191千字
版　　次：2020年6月第1版　　　　　　　印　　次：2020年6月第1次印刷
定　　价：76.00元

产品编号：081810-01

译者简介

李奉栖，西南政法大学外语学院副教授，外国语言学及应用语言学专业，硕士生导师。从事翻译教学 13 年，与人合作翻译出版《什么是艺术》《解读休闲：身份与交际》等学术著作，并担任译著《新博物馆学手册》一书的审校工作。主要从事翻译学、句法学方面的研究。公开发表学术论文 20 余篇，主持、主研省部级以上项目 6 项，主编或参编教材 9 部。

张云，西南政法大学外语学院教师，从事英汉翻译教学 15 年，有丰富的英汉语翻译理论素养和商务翻译实践经验，译著二《什么是艺术》（第二译者，重庆大学出版社）《新博物馆学手册》（第一译者，重庆大学出版社），参与《新编外国文学史——外国文学名著批评经典》（梁坤编，中国人民大学出版社）摘文翻译。

郑志峰，法学博士，西南政法大学民商法学院讲师，人工智能法律研究院自动驾驶法律研究中心主任，兼任重庆市自动驾驶道路测试管理专家委员会执行委员、百度公共政策研究院学术顾问、腾讯研究院兼职研究员。先后主持教育部、司法部、中国法学会等项目十余项，在《光明日报》《法律科学》《法学》《华东政法大学学报》《现代法学》《法商研究》等刊物上发表论文二十余篇，其中多篇被《新华文摘》《人大复印资料》转载，出版译著《机器人也是人：人工智能时代的法律》、专著《第三人侵权行为理论研究》等著作多部。

杨春梅，先后毕业于四川外国语大学、重庆大学外国语学院，获文学硕士学位。曾赴新加坡南洋理工大学国立教育学院进修英语教学法，获研究生文凭。西南大学外国语学院访问学者。现任教于西南政法大学外国语学院，主要从事大学英语教学工作，曾任大学英语教研室主任，大学英语校级（2007）和市级精品课程（2008）主讲教师，获2009年第三届重庆市教学成果二等奖，2014年荣获西南政法大学优秀教师称号。"十二五"普通高等教育本科国家级规划教材《新思维大学英语阅读教程》第一、二册副主编。

译者序

机器人拥有权利吗？我们应当像保护人权那样保护机器人的权利吗？不少人对这个话题嗤之以鼻，认为机器人不过和烤面包机一样，是人类手中的工具，没有理性，没有意识，没有思想，没有感知痛苦和体验快乐的能力，当然也不配拥有任何权利。但也有不少严肃的研究者指出，随着计算机技术的飞速发展，在不远的将来人类或许能够开发出具备道德主体地位的机器人，它们可能会主动站出来说："我们有生命！我们有意识！"这时，人类就应当考虑机器人的权利问题。这些研究者指出，当你觉得"尊重机器人权利"匪夷所思时，想想人类历史上的妇女、儿童、奴隶、有色人种等，他们也曾被当作财产让人随意处置和蹂躏，但是今天他们的人权都得到了认可和保护。机器人也一样，今天人们把它们视为财产和工具，明天会不会也认可它们具备人的特质，从而使它们享有部分或全部人的权利呢？

本书就尝试挑战我们的一贯认知，从哲学的角度严肃地反思这个我们许多人认为不可思议的话题——机器人权利。作者指出，随着自动驾驶汽车、推荐算法、各种形式和功能的机器人等在我们的日常生活中占据着越来越重要的位置，人类正处于"机器人入侵"的时代。虽然人们对机器人及其职责问题给予了相当的关注，但是关于这些人工制品的社会地位问题却在很大程度上被忽略了。本书探讨人类制造的机器人和其他技术制造品是否，以及在何种程度上能够并应当拥有道德和法律地位。

大卫·休谟（David Hume）曾提出过一个著名论断：实然陈述和应然陈述之间存在巨大的差异，我们无法从实然陈述中推导出应然陈述。他指出，不少作者在其著述中往往以实然为基础提出应然的主张，这实际上是一种谬误（即实然—应然谬误）。所谓实然，就是"what is"，即事物的本来面目；所谓应然，就是"what ought to be"，即事物应该如何被对待。实然与应然的问题就是"事实"陈述能否推导出"价值"陈述的问题。自休谟之后，哲学家们对这个问题展开了争论，有人支持休谟，认为不能从实然推导出应然；有人反对休谟，认为可以从实然推导出应然。作者在本书中就以实然、应然这对哲学概念为主线，对现有文献中关于机器人权利的不同观点进行梳理、分析和批评，并以此为基础提出了自己的主张。（为了使实然、应然这两个术语更好地融入上下文，我们在翻译时采用了直译法，将它们分别译作"是"与"应"。）

本书的内容主要围绕以下两个问题展开："机器人能（can）拥有权利吗？"和"机器人应当（should）拥有权利吗？"前者中的"can"是"is"的变体，后者中的"should"是"ought to"的变体，分别代表实然和应然。也就是说，"机器人能拥有权利吗？"涉及机器人真实属性的本体论问题，"机器人应当拥有权利吗？"涉及机器人道德地位的价值论问题。对于支持实然—应然推论的人来说，对第一个问题的肯定回答必然导致对第二个问题的肯定回答，即"机器人能拥有权利，因此机器人应当拥有权利"；对第一个问题的否定回答也必然导致对第二个问题的否定回答，即"机器人不能拥有权利，因此机器人不应当拥有权利"。对于反对实然—应然推论的人来说，对第一个问题的肯定回答并不意味着对第二个问题的肯定回答，而可能是否定回答，即"虽然机器人能拥有权利，但它们不应当拥有权利"；对第一个问题的否定回答也并不意味着对第二个问题的否定回答，而可能是肯定回答，即"即使机器人不能拥有权利，它们还是应当拥有权利"。这样一来，关于这两个核心问题之间的关系问题，摆在人们面前的就有上述四种选项（作者称之为四种情态）。作者精心梳理现有文献之后就把它们分别归入这四种选项，然后逐一展开分析。结果他发现，人们提出的各种处理机器人权利问题的主张或方案乍一看均有道理，但仔细推敲起来又问题重重，而且都不能明确地回答上述两个核心问题。

为此，作者采用解构主义的思维方法，打破传统的论证方式，将休谟论断中的要素进行颠倒，即优先考虑应然，并由应然来决定实然，采取一种全新的方式来定位和考察机器人的社会地位问题以及它们给现有的道德和法律体系所带来的机遇与挑战。至于作者最终得出了什么样的结论，他的新方法能否克服上述四种选项所面临的困难，能否明确地回答上述两个核心问题，这里留一个悬念，请读者朋友到本书最后一章寻找答案。

翻译本书时我们首先确保将原作的内容与风格准确地传达出来，忠实再现作者的思想和观点，在此基础上尽量确保语言流畅，并在必要的地方做出注释，方便读者理解。

在译稿中我们保留了原书的一些关键术语和专有名词，以括注的方式放在汉语译文的后面。为了方便读者获取关于参考文献的原始信息，我们对参考文献的文内标注和文后著录均未作翻译，而且保留了原书的格式。由于原书文内标注格式与国内出版物通用的标注格式不大相同，在此我们举例说明：

索莱曼（S. M. Solaiman）（2017，156）：2017表示作品的出版年代，156表示引文所在的页码。（Gunkel 2017a）：年代后面的字母a，b，c等表示同一作者在同一年出版的多篇作品的顺序。

本书的四位译者均来自西南政法大学。李奉栖负责前言、引言、致谢、第2、3章翻译，同时负责全书的统稿工作；张云负责第4、5章翻译；郑志峰负责第1章翻译；杨春梅负责第6章翻译。鉴于译者知识水平、语言水平和翻译能力有限，书中肯定存在这样或那样的问题，还望读者朋友批评指正！

译　者

2019年8月于西南政法大学

前　言

　　无论我们意识到与否，人类正处在"机器人入侵"的时代，因为机器无处不在，几乎无所不能：我们同它们在线聊天，同它们打数码游戏，与它们协同工作，仰仗它们从多方面来管理我们日益复杂的、受数据驱动的生活……因此，"机器人入侵"并非像科幻小说里所写的那样，将来会有一群邪恶的机器人从天而降，肆意掠夺我们；它已然成为正在发生的事实——不同配置和功能的机器人正迈着缓慢而又坚定的步伐入侵我们的世界，攫取它们在这个世界上的一席之地。这与其说像美国科幻电视连续剧《银河战星》中描述的情景，倒不如说像西罗马帝国在日耳曼人的侵略之下轰然倒塌这样真实的历史事实。

　　让我们来看一组数据：自 20 世纪 70 年代中期以来，工业机器人缓慢却稳步地入侵我们的工作场所，近年来这种渗透的速度似乎有了大幅度的提升。索莱曼（2017，156）最近指出："国际机器人联合会

（International Federation for Robotics，IFR）在 2015 年发布的一份关于工业机器人的报告，称 2014 年（工业）机器人的使用量增加了 29%，仅一年之中工业机器人的最高销售量就达 229 261 台（IFR 2015）。该联合会估计，在 2015—2018 年间，全球将有 130 万台左右的工业机器人在工厂与人类并肩工作（IFR 2015）。该联合会将这一显著增长称为'机器人征服世界'（IFR 2015）。"除了工业机器人，还有"服务机器人"（service robots），它们从事的工作包括"陪伴并照料老人和小孩，在餐馆准备食材、从事烹饪，清扫居民小区，在牧场挤奶"（Cookson 2015）。负责任机器人基金会（Foundation for Responsible Robotics）提供的数据显示，目前全球有 1200 万台服务机器人在运行。国际机器人联合会预计，到 2018 年，服务机器人的数量将"激增"至 3100 万台（Solaiman 2017，156）。

此外还有"社交机器人"（social robots），比如日本人开发的医疗机器人帕罗（Paro），麻省理工学院科学家开发的"世界第一款家用机器人"吉波（Jibo），以及其他一些桌面助手，包括亚马逊开发的回声（Echo）、亚莉克莎（Alexa）两款智能音箱，谷歌开发的家庭（Home）牌智能音箱。这类机器人是服务机器人的一个分支，专门为人类交际而设计。预计这类机器人的数量将超过工业机器人和其他服务机器人的数量。韩国等国计划到 2020 年实现每个家庭拥有一个机器人（Lovgren 2006）。最后还有一类像物联网（Internet of Things）这样的分布式系统（distributed systems），在这些系统中，许多设备连接在一起通过"协同作战"来实现自动操作，这时发挥作用的就不是通常意义上的"机器人"了，而是由一系列交互式的智能设备组成的网络。据称，因特网上超过 50% 的在线活动都是由机器发起并主导的（Zeifman 2017），预计到 2020 年物联网上承载的互联互动设备将超过 260 亿台，而到那时地球上的人口不过才 74 亿人（Gartner 2013）。

这些机器人在当代社会占据着越来越重要的地位，它们不仅是人类手中的工具，而且其本身也是一种交互式的社会实体。因此，我们需要自问几个有趣却又很棘手的问题：什么时候机器人、算法（algorithm）或其他自动系统可以为它所做的决定或采取的行动负责？什么时候我们可以说"这是机器人的错"？反之，什么时候机器人、智能人工制品（intelligent artifact）或其他可与人类进行社交互动的机器可以拥有某种程度的社会地位、获得某种程度的尊重？换言之，发出"机器人能且应当（can and should）拥有权利吗？"这样的问题，什么时候才不会被视为无稽之谈？

关于机器人及其责任问题，人们花了大量的精力加以探讨，"机器人权利"（robot rights）的问题却明显被忽略或者至少被边缘化了。事实上，正如戴维·利维（2005，393）所断言的那样，对大多数人来说，"让机器人拥有权利的观点简直不可思议"（unthinkable）。本书的宗旨一方面在于激发读者对这一所谓"事实"的反思，另一方面抛出作者本人对它所做的深入思考。我将对"机器人权利"这一不可思议的话题展开批判性思考，将其作为一个严肃的哲学话题加以探讨。这么做的目的不是要引发争议——尽管这类哲学探讨往往会导致争议，而是要对由新兴技术带来的一些现实而又紧迫的挑战做出回应，并对道德哲学的现状及其未来趋势进行思考。

致　谢

　　我从事"机器人权利"方面的研究颇有时日。在《另类思维——哲学、传播与技术》（Purdue University Press，2007）一书的最后一章我首次正式阐述了机器人权利问题。随后我将这一章的内容拓展为一部著作，题为《机器问题——对人工智能、机器人与伦理学的批判思考》（MIT Press，2012），继而我又撰写了几篇论文，试图回应由该书引发的一些重要问题和批评。这些论文包括《为机器权利辩护》（Gunkel 2014a），《另类问题——机器人权利探讨》（Gunkel 2014b），《并非世界末日——我是如何学会不再担忧并爱上机器的？》（Gunkel 和 Cripe 2014），《机器权利——给予护理机器人以关爱》（Gunkel 2015），《另一种他者——关于机器伦理的再思考》（Gunkel 2016c）。

　　本书是我研究机器人权利问题的延续和高潮。2016 年 10 月，在丹麦的奥胡斯大学举办了一场机器人哲学暨社交机器人跨学科研究大会（Robophilosophy/

TRANSOR 2016），主题为"社交机器人能且应当做什么？"这是机器人哲学系列研讨会的第二届会议。我在这次大会的全体会议上做了一场主旨发言，本书的写作形式与内容结构就是这次发言的直接产物。在此我要衷心感谢组织这次会议的约翰娜·赛布特（Johanna Seibt）和马尔科·内斯科（Marco Nørskov），感谢他们为我们就相关议题展开的讨论和辩论提供了这个独特的场所，正是这些讨论和辩论使本书的写作成为可能。同时我要感谢大会的其他演讲者和参与者，感谢他们为我提供了宝贵的机会，使我能在整个会议期间展开对话，也感谢他们围绕我的演讲所提出的问题和发表的评论，这些问题与评论发人深省。

会后，这些问题与评论一直萦绕在我的脑海中，并一路伴随我来到维也纳大学，在这里，我有幸与马克·科克伯格（Mark Coeckelbergh）进行了一场头脑风暴式的讨论。马克过去是，现在是，将来也会是一个"智多星"，我和他之间不断进行着观点上的交锋，他总能给我以启发。正是我与他在维也纳大学的这次互动使我第一次清楚地意识到本书就是我的下一个写作计划。为了回应 Mark 提出的富有洞见的挑战，并检验本书将要提出的基本概念，我在回到芝加哥后不久，就把上述会议发言的内容写成了一篇完整的论文。论文题目为《另类问题——机器人能且应当拥有权利吗？》，于 2017 年 1 月完成，当年秋季发表在《伦理与信息技术》期刊上（Gunkel，2017a），约翰·达纳赫（John Danaher）（2017b）在他的博客"哲学探讨"上对该论文进行了颇有见地的评论。

这篇论文可视作本书的缩影。当它还处于杂志社的投稿流程的时候，我就开始构思本书的观点。随后，麻省理工学院出版社的菲利普·劳克林（Philip Laughlin）对我提交的书稿材料给出了评论和建议，为我的写作指引了方向。到目前为止，我已与菲利普就三本书展开了合作。每一次合作，他的学识、他对书稿优缺点的直觉把握、他发掘最佳同行审稿人的能力都无不令我感激。和前面两本书一样，没有菲利普的洞察力和"幕后"的付出与指导，就没有《机器人权利》的问世。

本书的手稿是在 2017 年春夏期间写就的，感谢北伊利诺伊大学慨允我休学术年假，使我有充分的时间写作。感谢马西·罗斯（Marcy Ross）在艰难的编辑加工过程中所做的努力，使本书终于得以定稿。感谢丹妮尔·沃特森（Danielle Watterson）为本书所做的索引。与以前出版或发表的其他作品一样，没有家人的爱与支持，本书的顺利出版也是不可能实现的，在此感谢我的家人安·埃第尔·贡克尔（Ann Hetzel Gunkel）、斯坦尼斯瓦夫·贡克尔（Stanisław Gunkel）以及顿基（Maki）——我们的德国短毛猎犬，正是它让我不得不正视关于"谁或什么能且应当成为他者"的各种问题。

目　录

引　言

　　人工智能及机器人伦理领域的大多数研究都集中在哲学家所说的"面向行动者的问题"（agent-oriented）上，比如：詹马尔科·维鲁吉奥（Gianmarco Veruggio）（2005）提出的"机器人伦理"（roboethics）概念、迈克尔（Michael）和苏珊·莉·安德森（Susan Leigh Anderson）（2011）提出的"机器伦理"（machine ethics）概念、温德尔·瓦拉赫（Wendell Wallach）和科林·艾伦（Colin Allen）（2009，4）提出的"人工道德行动者"（artificial moral agent）概念、帕特里克·林（Patrick Lin）等（2012，2017）提出的"机器人之伦理"（robot ethics）概念等都聚焦于这一问题。目前在机器人法律、政策和伦理领域所做的大多数研究也都指向这一问题。比如，从公开出版的作品来看，越来越多的研究集中在以下几个方面：聚焦自动驾驶交通工具的安全性和可靠性问题（Hammond 2016，Lin 2016，Nyholm 和 Smids 2016，Casey 2017）；探讨如何设计出有益于人类生活的智能系统或所谓的"友好人工智能"问题（Yudkowsky 2001，Rubin 2011，Muehlhauser 和 Bostrom 2014）；对技术进步造成的失业问题以及自动化程度提高对个人和社会可能造成的不良后果进行预测（Brynjolfsson 和 McAfee 2011，Ford 2015，Frey 和 Osborne 2017，LaGrandeur 和 Hughes 2017）；对自动武器系统（Arkin 2009，Sharkey 2012，Bhuta 等 2016，Leveringhaus 2016，Krishnan 2016）、老人小孩护理机器人（Sparrow 和 Sparrow 2006，Anderson 和 Anderson 2008，Sharkey 和 Sharkey 2010，Beran 和 Ramirez-Serrano 2010，Bemelmans 等 2010，Whitby 2010，Sharkey 和 Sharkey 2012）、社交机器人及类人社交机器人（sociable robots）（Breazeal 2002，Nørskov 2016，Seibt 等 2016），乃至性爱机器（Levy 2007，Samani 等 2010，Sullins 2012，Ess 2016，Richardson 2016a 和 2016b，Lee 2017，Sharkey 等 2017，Danaher 和 McArthur 2017a）的社会成本与后果问题展开讨论。上述许多研究背后的主导问题是机器人能且应当做什么？该问题主要关注机器行为或行动所带来的机遇与挑战。因其关乎机器人对人类世界的影响，所以至关重要。[①]

但这只是事情的一个方面。史蒂夫·托伦斯（Steve Torrance）（2008，506）和卢西亚诺·弗洛里迪（Luciano Floridi）（2013，135-136）提醒我们，道德问题至少涉及相互作用的两个要

[①]　本段所列举的只是一些代表性作品，并非完整的清单。十年前的情况并非如此。当我首次出版人工智能、机器人学（robotics）及伦理学方面的著作时（Gunkel 2007），是完全可以对已有文献进行全面回顾的。即使我在出版《机器问题》（Gunkel 2012）一书时，这么做也不是难事。但此后不久，能搜集到的以及流通中的作品数量呈现爆炸式增长，此时再单纯依靠人工手段来做全面的文献回顾几乎就无从下手了。

素——动作的发起者即行动者（agent）和动作的接受者即受动者（patient）。到目前为止，关于机器人伦理、机器人之伦理、机器伦理、军事及社交机器人伦理等方面的研究绝大多数都主要关注作为行动者的机器人，托伦斯（2008，505-506）又将行动者称为道德或法律行为的"制造者"（producer）或"源头"（source）。在本书中，我将变换焦点，从另一个侧面——作为受动者的机器，即托伦斯（2008，505-506）所称的"道德消费者"或道德与法律行为的"目标"（target）——来思考问题。①这么做就必然牵涉一整套与前述研究相关但又截然不同的变量与关注点。面向受动者的探究要问的操作性问题不再是"机器人能且应当做什么？"而是"我们能且应当怎样对这些人工制品做出反应？"即面对机器人，尤其是越来越亲切友善的类人社交机器人，我们能且应当怎样对待它们？上述问题也可以表述为"机器人能且应当拥有权利吗？"关于类人社交机器人，辛西娅·布雷齐尔（Cynthia Breazeal）（2004，1）是这样描述的：它们具有跟人类相似的社交智慧，人们与它们交流互动时就像跟另外一个人交流互动一样。

研究问题

"机器人能且应当拥有权利吗？"这个问题由两个独立的小问题组成。第一，"机器人能拥有权利吗？"此问关注某个实体的本体能力；第二，"机器人应当拥有权利吗？"此问关

① 对行动（agency）和受动（patiency）概念的详细讨论参见哈伊丁（Hajdin 1994），弗洛里迪和桑德斯（Sanders 2004）以及贡克尔（2012）。

注该实体的规范性义务。这两个问题刚好与一对著名的哲学概念——"是与应"（is/ought）（又译作"实然与应然"——译者注）不谋而合。"是与应"又称为"休谟的断头台"（Hume's Guillotine）。大卫·休谟在《人性论》（1738 年首版）一书中区分了两种类型的陈述：对事实的描述性陈述和对价值的规定性陈述（Schurz 1997，1）。休谟认为，哲学家，尤其是道德哲学家常常意识不到这两种陈述之间的区别，自觉不自觉地由一种陈述滑向另一种陈述，这正是问题所在：

> 我总是说，在我迄今所见的每一种道德体系中，作者曾在一段时间内用一般的推理方法确认了上帝的存在或对人类事务进行了观察；突然之间，我惊讶地发现我遇到的命题均不是用"是"与"不是"这对常见的组合来描述的，相反，我发现没有哪一个命题不是跟"应"或"不应"联系在一起的。这种改变是在不经意间发生的，却有目前这种最终的结果。既然这种"应"与"不应"表达的是某种新的关系或主张，就有必要加以观察和解释。与此同时，对那些看似完全不可思议的新关系，应给出一个理由，说明它如何能从其他完全不同的关系中演绎出来。但由于作者一般不作这样的预先阐释，我就冒昧地把它推荐给读者。我相信，这一小小的关注会倾覆所有庸俗的道德体系，让我们看到，善与恶的区别既不是建立在对象的关系之上，也不被理性感知。（Hume 1980，469）

休谟最先提出的这一论断也许有些抽象和模糊，但若用一个实际例子加以考察，它就立刻变得清晰起来。比如围绕堕胎展开的充满政治色彩的争论，按照格哈德·舒尔茨（Gerhard Schurz）（1997，2）的解释，"其关键之处在于，究竟是胎儿的哪种真实属性才足以"赋予它不受限制的生命权：

> 争论的一方常强调道德良知和本能的重要性，认为很显然这种真实属性当属"受精"，因为从那一刻起人就被缔造了，生命就开始了。争论的另一方，包括哲学家 Peter Singer、Norbert Hoerster 等人，认为这种真实属性应为婴儿的"人格"雏形，包括基本的自我利益认知和基本的自我意识。对这一方而言，不仅胚胎，甚至那些尚未萌生上述特征的早期婴儿都不具备较大儿童所具备的不受限制的生命权。（Schurz 1997，2-3）

争论双方对未出生的人类胚胎的价值问题持有不同且相反的立场，舒尔茨试图通过这个例证来说明双方的分歧源自不同的本体论意识，即哪个或哪些本体属性具有道德上的重要性。一方认为只要具备胚胎受精这一行为即可，另一方则认为胚胎或婴儿需获得人格、具备人格特征方可。因此，伦理学上的讨论，尤其是关乎他人权利的伦理学讨论，往往以对事实不同的本体论假设为基础，而这些假设又被拿来作为道德价值判断和决策的理性基础，这在休谟看来会是一种不幸。

自休谟之后，不断有人尝试通过弥合"是"与"应"之间的鸿沟来解决这一"问题"（参见 Searle 1964），尽管如此，这一问题依然被认为是重要而又棘手的哲学难题之一，因而人们不断著书立说加以讨论（Schurz 1997 和 Hudson 1969）。舒尔茨（1997，4）指出："针对'是与应'这一问题，赫德森（Hudson）（1969，1972、1973、1979 年重印）所记录的争论也许最有影响力。Black 和 Searle 试图证明，在'是'与'应'之间做出逻辑上有效的推论是可能的；黑尔（Hare）、托马森（Thomson）和弗卢（Flew）则捍卫休谟的观点，试图证明前者的论证是无效的。"

对本书而言，重要的不是休谟最初所描述的"是—应谬误"复杂的逻辑，也不是休谟之后文献对"是—应推论"持续不断的、似乎无法调和的论争。与本书探讨的话题相关的是，我们需要认识到该如何利用"是"与"应"这两个动词从质性上来确定表述与研究模式的不同类型。"是"关乎事实的本体论问题与陈述，"应"关乎"应当做什么"的价值论决断。我利用上述两个动词的情态动词变体——can（能）和 should（应当）——来构建本书的主导性研究问题。"机器人能（can）拥有权利吗？"这个问题用休谟的术语来表达就是机器人是否有能力（is capable of）充当权利的拥有者？更具体地说，机器人是否有能力拥有一个或多个霍菲尔德式权利（Hohfeldian incidents，参见第 1 章），即特权、要求、权力或豁免（privileges，claims，powers，and/or immunities）？"机器人应当（should）拥有权利吗？"这个问题则可被表述为机器人应（ought）被视为权利的拥有者吗？更具体地说，机器人应被视为拥有特权、要求、权力或豁免吗？因此，情态动词 can 涉及的是关于实体实际能力或属性的本体论问题，should 涉及的则是与该实体所应承担的义务有关的价值论问题。按照休谟的论断，我们就可以区分出如下两个不同的陈述：

　　S1= 机器人能拥有权利。

　　S2= 机器人应当拥有权利。（S 即 statement，"陈述"——译者注）

　　由于"是—应推论"是否有效目前尚无定论，属于开放式问题（Schurz 1997，4），我们可以将 S1 与 S2 联系起来推导出有关机器人道德问题的四种选项，即四种情态（modality）。这四种情态又可以分为两个对子，第一个对子支持"是—应推论"，对本体论陈述（S1）的肯定与否定分别决定了价值论陈述（S2）的肯定与否定。我们可以借用一种伪对象程序代码将其表述如下：

　　!S1 → !S2—机器人不能拥有权利，因此机器人不应当拥有权利。

　　S1 → S2—机器人能拥有权利，因此机器人应当拥有权利。

第二个对子赞成休谟的论断，或者挑战"是—应推论"，在肯定本体论陈述（S1）的同时否定价值论陈述（S2），反之亦然。这一对情态可以表述如下：

　　S1　!S2—机器人能拥有权利，但不应当拥有权利。

　　!S1　S2—即使机器人不能拥有权利，机器人也应当拥有权利。

结构与方法

在本书以下章节中，我们将对文献中阐述的各种情态展开批判性评估，对围绕机器人及其他类似的自动技术的权利问题所发表的各种观点进行某种形式的成本—效益分析。不过在此之前，第 1 章将先对组成本书论题的两个词语进行一番考察。"机器人"（robot）和"权利"（rights）这两个名词都具有复杂的外延意义，它们组合之后就构成了本书的标题，但是，因为这样或那样的原因，这个组合在许多理论家和实践家看来均显得不可思议，因此，第 1 章并不是对术语进行简单的定义，而是要努力解释并解决语言方面的难题——语言难题不仅是本研究的重要组成部分，而且是任何哲学研究的重要组成部分（至少自哲学研究的语言学转向以来是这样，不过柏拉图（Plato）早就在《克拉底鲁篇》（1977）中明确提出了哲学中的语言问题）。词语至关重要。"机器人"和"权利"两词分别有着复杂的历史渊源、定义和用法，第 1 章就对此加以探讨，并对必然要产生的影响和后果加以说明。

在了解了术语之后，接下来的章节将对前述四种由休谟的论断分析得来的情态逐一展开论述。鉴于一些研究者要么支持，运用"是—应推论"，要么为其辩护，第 2、3 章将考察他们提出的主张和观点。对本体论问题"机器人能拥有权利吗？"的否定回答引发或必然导致对价值论问题"机器人应当拥有权利吗？"的否定回答，第 2 章将对这一推论加以考察。对本体论问题的肯定回答引发或必然导致对价值论问题的肯定回答，即"机器人能拥有权利，因此机器人应当拥有权利。"这将是第 3

章要考察的内容。第 4、5 章考察那些将本体论和价值论两个维度区分、分拆或孤立起来的文本与观点。其中第 4 章将考察当人们确认机器人实际上能拥有权利，但同时又认为这并不必然意味着或暗示可以赋予机器人某种形式的道德或法律地位时，会产生什么结果。第 5 章则考察相反的情形，即本体论前提——"机器人不能拥有权利"并不限制或妨碍人们将权利赋予机器人、认可机器人（至少某些类型的机器人）应当拥有权利这一事实。

写作这 4 章的目的不是要支持一方而反对另一方，也不是要对这些分歧和争议进行调和，而是要对这四种情态逐一进行一番成本—效益分析，以便了解它们所呈现的机遇与挑战，从而确认机器人权利存在的可能性或赋予机器人权利的可能性究竟有多大。方法论方面，本研究采用的是严格意义上的哲学方法，从本质上说，是苏格拉底式的哲学方法。柏拉图在《申辩篇》（1982）中这样记叙说，苏格拉底向他的同胞们讲述了他所付出的"艰苦卓绝的劳作"（22a）——他和他的朋友兼同事、已故的海勒丰（Chaerephon）曾到德尔斐（Delphi）的神示所求神谕，问是否有人比苏格拉底更有智慧，令苏格拉底惊讶的是，德尔斐的派提亚（Pythia）回答说，没人比他更有智慧。从此以后，他就游遍雅典城，试图寻找一个真正比他有智慧的人来证明神谕是错误的。他遍寻那个时代最有学识的人——政治家、修辞学家、科学家、教师、悲剧诗人、艺术家、工匠、工程师，并与他们对话，但是结果总令他失望，因为那些看似最了解真理、正义、知识、美等重要事物的人无一不暴露出他们在知识、术语、思维方式上的混乱、缺陷或其他问题。

现在回到本书的话题。当下最熟悉机器人和权利这两个领域的哲学家、伦理学家、法学家、工程师、科学家等个体或由个体组成的团队提出了关于机器人和权利的最佳见解。本书第2～5章就拟效仿苏格拉底，找到并咨询这些博学的专家，收集他们的见解，并对其展开苏格拉底式的批判。但是，不同于柏拉图对话式作品中的苏格拉底，我们生活在一个有知识、有文化的时代，所以本研究不会与他人直接对话（接下来的内容也就不会包括面对面的会话与访谈，尽管这是从事这类研究的另一种途径），而是与各种探讨机器人权利的文本和档案（包括专著、学术期刊、通俗读物、电影、电视节目、广播节目、播客、博客、网站等）展开对话。① 本研究将对收集到的这些最佳见解进行详尽而又深入的考察，本书就是对这一考察的记录。这类似于柏拉图对话式作品中的情形，跟苏格拉底式的探索一样，如果最终的分析表明，每一种情态都指向一个有缺陷的答案，从而令我们失望，那么这也就不足为奇了。

虽然每种情态都有其特定的优势（以及随之出现的局限性），但是没有哪一种情态可以形成定论，最终支持或反对机器人权利问题。为此，人们当然可以继续加以论证，收集相关证据来支持这种或那种情态。不过，尽管这种努力是完全合理和正当的，其结果却不外乎是对业已形成的结论再次进行阐述，未必能将目前取得的成果向前推进多少，因此，本书在结尾时尝试做出一点改变，拟从新的角度来切入这个话题。这种尝试

① 锁定并"质问"文本而不是人具有重要的附加价值。苏格拉底在用他的方式展开调查研究时，由于暴露了同胞们不懂装懂的事实而激怒了他们，为此雅典市民指控他有腐败行为，对他进行审判，并最终判处他死刑。可见回避这种后果是完全应当的。

我称之为"另类思维"①。我并不对"是—应推论"表示支持或反对，而是借用它的概念框架与机制，故意与休谟反其道而行之，不去考虑是否可以从"是"推导出"应"，或者如何从"是"推导出"应"，而是考虑如何只能从"应"推导出"是"来。

这种操作方式用专业术语来说就是"解构"。对于这个术语，几乎在有我署名的每一本著作中，我都会进行介绍和描述，甚至为使用它而致歉②。为了避免直接照搬以前的内容，我简要地从相互关联的四个方面再一次介绍一下这个概念：

1）词源。"解构"一词，按照其创始人德里达（Jacques Derrida）的解释，源自他对海德格尔（Martin Heidegger）使用的 Destruktion（破坏）一词，以及他对海德格尔关于西方本体论历史批判分析（海德格尔本打算将此作为《存在与时间》第二卷的主题，但终究未能成书）的翻译。德里达（1991，271）曾写道："应该是在写《论文字学》一书时，我选择了这个词，或者说是这个词主动冒了出来。当时我只是对这个领域感兴趣，没想到这个词如今会在这个领域扮演如此重要的角色。当时我就想把海德格尔使用的 Destruktion 一

---

① 我在不同的地方多次使用过这个表述，甚至可以将其视为研究项目的"商标"了。正如我在其他地方（Gunkel 2007）解释的那样，这个短语的意思：1）一种处理并回应他者（或者其他形式的他者性）的思维方式；2）关于他者与他者性的、明显异于常规方式的其他思维方式。

② 关于解构的详尽描述参见《入侵网络空间》（Gunkel 2001，201-205）的附录"解构假人"、《另类思维——哲学、传播与技术》（Gunkel 2007，11-43）第一章"数字理性批判"，以及《机器问题——对人工智能、机器人与伦理学的批判思考》（Gunkel 2012）和《与系统博弈——解构视频游戏、游戏研究及虚拟世界》（Gunkel 2018）的引言部分。

词翻译过来并为我所用。"

2）否定性定义。从否定的角度来看，"解构"不是拆分、拆解，也不是解散，这些都是广泛存在的对"解构"误解，以至于已经形成了一种习以为常的（不良）局面。"解构"不是一种破坏性分析，不是摧毁，也不是一种逆向操作过程。德里达（1993，147）曾明确指出（而且不止在一种场合指出）："deconstruction 一词中的 de 并非意味着拆毁正在构建的东西本身，而是拆解建构主义（constructionist）或破坏主义（destructionist）图式（schema）之外尚待思考的东西。"因此，解构所指与我们通常所理解和界定的对立性概念（如"建构"与"破坏"）截然不同。

3）肯定性定义。解构是一种干预"形而上学二元对立"的方法，也即德里达（1982，41）所称的"总体策略"。所谓形而上学二元对立是指像建构与破坏、好与坏、自我与他者、是与应这类成对概念。解构就是一种以这些二元对立概念为标靶的批判性干预模式，但它并非简单地调和这些概念，也非处于现有秩序的支配之下，而是采取一种"双重举动"或德里达（1982，41）所称的"双重科学"（double science），即两步走的策略。首先，它必然以反转作为开场，即故意推翻相互对立的概念所组成的二元体制，传统上受到轻视的那一个概念得到青睐和重视。鉴于现存秩序被有意地颠倒或推翻，这一步无异于一场革命。但这还不够，它只是第一个方面或第一个阶段，因为这样的概念颠覆就像所有的革命一样——无论是社会、政治、哲学还是艺术领域的革命——几乎甚至完全不会对支配系统形成挑战，原因就在于，仅把相互对立的两个术语调换一下位置，它们仍然维系着由它们组成的二元体制，仍受着这个体系的支配，唯一不同的是它们的位置被颠倒了。正如德里达（1981，41）所总结的那样，仅靠反转的话，我们仍然"停留在由对立术语组成的封闭领域内，是对该领域的确认"。因此，解构还需第二个阶段或第二种操作。德里达（1981，42）指出："我们也需要在位次的颠倒与新'概念'的闯入之间画出一个区间，前者将居高位的概念贬入低位，后者则不再，而且永远也不可能被包含在之前的体系中。"严格说来，这个新"概念"不再是一个概念（它并非仅仅是原有概念秩序的对立面），因为它总是而且已经超越二元系统，正是这个系统确定了概念秩序和非概念秩序，二者被整合为一个整体（Derrida 1982，329）。这个新概念（严格说来并非真正的概念）又被德里达（1981，43）称为"不可判定者"。至关重要的一点是，新概念"不能再被包括在哲学（二元）对立体系之中，但它又存在其中，对其加以抵制与瓦解，却永远不会成为从属于它的第三个术语，也永远不会为思辨辩证法留下解决问题的空间"。换言之，这是一种"跳出框框思考的方式，这个'框框'就是指这样一个禁锢各种思维方式的全封闭体系"（Gunkel 2001，203）。

4）例子。解释"解构"的两步走策略，最好的例子也许莫过于"解构"这个词本身。第一步，解构颠覆传统，强调与"建构"相对的消极术语"破坏"。事实上，"解构"（deconstruction）与"破坏"（destruction）两个词具备形式上的相似性就是精心设计、有意而为的。但这只是第一步。"双重科学"的第二步就是，解构引入一个全新的概念，就是"解构"（deconstruction），其"新"由这个词本身的构造直接体现出来：取 destruction 的前缀 de，再加上与 destruction 对立的 construction，就创造出 deconstruction 一词。这个新词与现存的秩序不太相容，是标示新概念的第三个术语。该术语打破常规，且有意使它具有"不可判定性"。它虽首次露面，却并非"建构"的对立面，而是超越了"建构、破坏"这对对立术语所确立和规制的概念秩序。

对休谟论断中的要素进行颠倒和错位——即优先考虑"应"并由它决定"是"之后，伦理学就优先于本体论了。判定"他者（the other）是什么"，首先要以解决真实社会环境下"人们怎么对待他者"这个问题为基础，前者即取决于我们决定如何对他者做出反应。本研究所采取的这种以"社会关系"伦理为视角的研究方法势必会打破道德推理的标准模式。在循着这条路线论证的过程中，我会涉及列维纳斯（Emmanuel Levinas）及其追随者的著述，而为了达成目标，我不可避免地将对列维纳斯的文本进行某种"非正统"解读，会对列维纳斯哲学思想的基本（而又存在严重问题的）要素进行"破坏性"批判。

预期成果

本研究的最终成果要么高于要么低于读者最初的预期。如果读者期待从本书获得"机器人能且应当拥有权利吗？"这个问题的简单答案——是或否，或者更为确切和适度地期待看到一套具有约束力的规则、行为道德准则，甚至一套关于机器人发明创造政策的指南与操作框架，那么本书的成果就会低于读者的预期。作为一部哲学著作，本书的目标不是（至少不主要是）提供一系列行为规范和管理方面的行动指南，而是挖掘、考察、评估隐藏在相关研究背后的，对这些研究起着组织和构造作用的（甚或起着瓦解与繁复化作用的）各种可能性条件。因此，本书在性质上类似于《机器问题——对人工智能、机器人与伦理学的批判思考》（Gunkel 2012）一书，也是一种严格哲学意义上的批判性研究。正如芭芭拉·约翰松（Barbara Johnson）（1981，xv）所准确描述的那样，批判不仅仅是审视某个系统的缺陷与不足，以达到改进该系统的目的。换句话说，批判不是致力于挑错与纠错，而是"对构成系统可能性的基础展开分析，它从那些表面上看起来自然、明显、不言而喻、普遍的东西往回追溯，以揭示它们有着自身的历史，有着导致它们现有状态的原因，有着对其身后事物的影响，并揭示它们的起点不是一个已知的事实，而是一种构想，而它们对此往往不自知"（Barbara Johnson 1981，xv）。

因此，对机器人权利问题的批判就是从有关机器人与权利的主张、观点和争论出发，"溯及以往"，以揭示那些大家认为自然、明显、不言而喻、普遍的概念、方法甚至词汇所具有的复杂的影响与逻辑。业已塑造并控制有关争论的构想常常是不可见的（或几乎不可见），它们要么隐藏在现象的背后运行，要么在边缘地带运行。正是这些常常隐身的运行系统使人们对机器人权利问题的讨论与争论成为可能。批判的任务就是对这些运行系统进行识别、阐释和评估。换言之，如果读者在本书中寻求并希望找到支持或反对机器人权利的明确态度，或者关于机器人设计与程序编写政策方面的实用性操作框架，那么恐怕本书要让大家失望了。但是如果读者希望对机器人权利问题所带来的机遇和挑战有一个更深入、更全面的了解，那么本书将会有所帮助。

这样的话，本书的研究成果就有望高于读者的预期，因为它不仅将对具体的机器人技术产生影响，还将对总体的道德哲学产生影响。借用约翰·瑟尔（John Searle）（1980）对人工智能科学所做的原创性区分，对机器人权利的研究可分为"强"研究和"弱"研究。[①]"强"研究包括那些试图就机器人社会地位制定政策、道德规范和法律规范的讨论与争论。本书以下章节考察和评估的许多著述就属于这一类研究。但是这些研究也有"弱"的一面（此"弱"系 Searle 界定的"弱"，而非指人们口头通常所说的"不重要""不重大"），这表现在，它们所运用、操作、测试的各种关于道德权利与法律权利的概念，引发

---

① 瑟尔（1980，417）最初这样定义人工智能的这两种变体："我发现区分'强'人工智能与'弱'人工智能或'谨慎'人工智能很有用。弱人工智能是指计算机在大脑研究中的主要价值体现在为研究提供非常强大的工具，比如，它使我们能够更严密、更精确地提出假设和检验假设。强人工智能则指计算机不仅是研究大脑的工具，装入适当的程序后它实际上就是一个大脑，因为它差不多具有理解等认知能力。"后来者对"弱人工智能"这个术语的使用已经偏离了瑟尔界定的较为精确的哲学含义（这种偏离要么偏向更好，要么偏向更糟）。在当前的相关文献中，弱人工智能被（误）用作"窄人工智能"的代名词，用于指代那些不能复制人类感知和意识（此乃强人工智能所具备的特征）、仅能完成单一和范围狭小的任务（如专家系统、推荐算法、人脸识别应用、人机对话系统、机器翻译等）的智能应用。强人工智能则还处于科幻小说的领域，正如瑞安·卡洛（Ryan Calo）（2011，1）所说，"'弱'或'窄'人工智能（才）是当今的现实。"本书所使用的"强人工智能""弱人工智能"这两个术语采用的是瑟尔最初所阐述的概念。

人们对其进行批判性和辨别性的重新评价，以揭示研究者如何通过其自身的思考和对话来定义这些概念。换言之，提出机器人权利并为之展开辩论并不一定会剥夺属于人类的东西，也不会剥夺那些可能让人类独特于他物的东西；相反，它只是提供一种从事道德理论研究的批判工具，使我们在研究这些区别性特征及其局限性时更精确、更科学。

第 1 章
不可思议的思考

在我们深入调查和追问机器人权利之前，厘清（或者至少是批判性的思考）构成调查的关键词的这两个看似简单的术语的含义是谨慎和必要的。至少在当前，"机器人"和"权利"都是非常普通也很好理解的词汇。众所周知，或者至少我们认为知道——机器人是什么。近一个世纪以来，科幻文学、电影和数字媒体一直致力于对机器人的想象和成像化。事实上，20 世纪和 21 世纪流行文化中许多家喻户晓的经典角色都是机器人：电影《禁忌星球》中的机器人罗比（Robby）；动画片《杰森一家》中的保姆机器人罗西（Rosie）；手冢治虫（Osamu Tezuka）的长篇漫画系列《铁臂阿童木》中的机器人阿童木（Astro Boy）；威廉·乔伊斯（William Joyce）的小说《小小欧里的世界》中的机器人欧里（Olie）；电影《星际迷航：下一代》中的指挥官 Data 以及《星球大战》中的机器人 R2-D2 和 C-3PO……类似的角色还有很多。

　　"权利"一词似乎也是一个公认和被广泛理解的概念，但其根源于社会现实的斗争而非虚幻之中。事实上，19 世纪和 20 世纪的历史可以被定性为一部为权利而斗争的历史，或者彼得·辛格（Peter Singer）（1989，148）所说的"解放运动"，即此前被排挤的个体和社群为争取和最终实现平等（或更接近平等）的地位而不断斗争的历史，具体包括妇女、有色人种、LGBTQ 人群［LGBTQ 人群是指女同性恋者（Lesbians）、男同性恋者（Gays）、双性恋者（Bisexuals）、跨性别者（Transgender）以及酷儿（Queer）和 / 或对其性别认同感到疑惑的人（Questioning）的统称。——译者注］等。似乎没有人对争取公民自由的斗争和对曾经发生，并且不幸地仍然是日常社会现实的一部分的侵犯人权的行为的批评感到困惑或不清楚。

　　鉴于对这两个术语此前的认识，它们似乎没有什么值得特别关注的地方。但恰恰是这种看似自信和没有问题的熟悉——这已经并总是成为我们理解事物的方式——才是真正的问题所在。正如马丁·海德格尔（Martin Heidegger）（1962，70）在《存在与时间》一书的导言中所指出的那样，正是那些在我们日常生活和行为中习以为常的事物才是最难观察和明确的。因此，首先和这两个术语保持必要的疏远是一个好的方法，以便清楚地描述每一个词各自意味着什么，以及它们组合在一起对接下来的研究意味着什么。幸运的是，这种"疏远感"是存在的，并且只要我们对"机器人权利"一词有那么一点"不对劲"或者至少觉得是好奇的和需要深思的话，那么它就在起作用。正是这种最初的迷失感或陌生感——那些看似清晰而又平淡无奇的东西开始成为值得追问的事物——人们才能开始去追问和阐明"机器人"和"权利"这两个词到底意味着什么。

第 1 节　机器人

"当你听到'机器人'这个词时,"《连线》杂志的马特·西蒙(Matt Simon)(2017,1)在网上写到,大脑中可能会首先闪过电影《地球停转之日》中的那个银色机器人或《星球大战》中的C-3PO(我猜是金色的,但仍是金属)。还有扫地机器人伦巴(Roomba)、自动无人机以及自动驾驶汽车。如今机器人可以是各种各样的东西——而这只是它们扩张的开始。面对琳琅满目的机器人,你该如何定义它呢?回答这个问题并非易事。约翰·乔丹(John Jordan)(2016,3-4)在他关于机器人的基础介绍性书中公开承认,关于机器人的定义存在如此大的不确定性和弹性,以至于"计算机科学家也无法就机器人是什么达成任何共识。"因此,"机器人"是一个大杂烩式的概念,具有不确定和灵活的语义边界。正如西蒙(Simon)(2017,1)所指出的那样,这种困难"并不是一个微不足道的语义难题:思考机器人到底是什么对于人类应该如何应对正在发生的机器人革命具有重要启示意义"。

相较于为机器人提供一个定义,乔丹(Jordan)试图去解释和厘清这个术语上的难题。根据他的理解,"机器人"这个概念之所以复杂是基于以下三个原因:

原因1:谈论机器人之所以困难,原因在于这个定义本身就是不确定的,即使对于那些最专业的人士也是如此。

原因 2：随着社会背景和技术水平的发展，这个定义也会随之变得不规则和不稳定。

原因 3：科幻小说在工程师之前就设置了概念涵射的边界（乔丹 Jordan 2016，4-5）。

以上三个方面使得定义和描述"机器人"这个词变得复杂，但同时又充满趣味。为此，我们可以通过逐一分析上述三个原因来更好地解决什么是机器人和什么不是机器人的问题。

一、科幻小说

科幻小说不仅界定了机器人的"概念涵射的边界"，并且是这个术语的最初来源。具体来说，"robot（机器人）"一词是通过卡雷尔·恰佩克（Karel Čapek）1921 年的舞台剧《罗素姆的万能机器人》开始进入人们视线的，它被用来命名那些人造仆人或工人。在捷克语以及其他几种斯拉夫语中，"robota"一词（或它的一些变体）的意思是"奴役或强迫劳动"。然而，恰佩克并非（至少根据他自己的说法）这个词的发明者。这个荣誉归属于恰佩克的哥哥，画家约瑟夫·恰佩克（Josef Čapek）。这部舞台剧一经推出就取得巨大的成功，13 年后，卡雷尔·恰佩克在布拉格发行的报纸《人民报》上解释了这一词的真正来源：

事实上，这部舞台剧的作者（卡雷尔）并没有发明（机器人）这个词；他只是将它呈现到观众的视野中。事情是这样的：这部舞台剧的灵感是在一个没有防备的时刻突然闯入作者的脑海的。当这个灵感仍在脑海中尚未消失的时候，他立刻冲向他的画家兄弟约瑟夫。当时约瑟夫站在一个画架前，正在一块帆布上沙沙作响地不停作画。"听着，约瑟夫，"卡雷尔说道，"我想我有了一部关于舞台剧的主意了。""什么主意？"约瑟夫嘟囔地回应道（他确实在嘟嘟囔囔地说话，因为当时他嘴里正叼着一把画刷）。然后，卡雷尔尽可能简短地把想法告诉了他。"写下来。"约瑟夫提醒到，但他没有从他嘴里拿出画刷或停止画画。那种漠不关心的态度是非常无礼的举动。"但是，"卡雷尔说道，"我不知道该怎么称呼这些人造工人。我可以称他们为苦力（Labori），但我觉得这有点儿书呆子气。""不如称他们为机器人（Robots）吧。"约瑟夫继续喃喃自语道，然后一边嘴里叼着画刷，一边继续画画。就这样，机器人这个词诞生了；让我们重新认识它的真正创造者（Čapek 1935；同时可参见 Jones 2016，53）。

自从恰佩克的这部剧出版发行以来，机器人开始频繁地出现在科幻小说中。但是，各种小说中的机器人的形态各异，存在各种不同的形式、功能和配置。例如，恰佩克创作的机器人是人工制造的生物物种，其在材料和外形上都像人一样。电影《银翼杀手》和《银翼杀手2049》中的生物复制人（电影改编自菲利普·迪克（Philip K. Dick）的小说《机器人会梦见电子羊吗？》）和电视剧《银河战星》的人形机器人赛昂人就是这种形象。而其他科幻小说中的机器人，如弗里茨·朗（Fritz Lang）导演的电影《大都会》中的镀铬机器人、《星球大战》中的机器人 C-3PO、美国 HBO 公司出品的电视剧《西部世界》

中的 3D 打印的机器人，以及英国第 4 频道和美国 AMC 电视台联合制作的电视剧《真实的人类》中的合成人（the synths）也都是人形的，但它们是由非生物材料制成的。其他由类似的合成材料制成的机器人则有着非常骇人的外形，比如电影《禁忌星球》中的机器人罗比（Robby），《地球停转之日》中的机器人戈特（Gort）或美国电视剧《迷失太空》中的机器人。此外，还有一些机器人不是人形的，而是模仿动物或其他物体，比如电影《星球大战》中外形像垃圾桶的机器人 R2-D2、《机器人总动员》中酷似坦克的机器人瓦力（Wall-E）或者菲利普·迪克中篇小说中的电子羊。最后，还有些机器人则是没有实体的，比如电影《2001——太空漫游》中超级计算机 HAL 9000；或者仅具有虚拟的实体，比如电影《黑客帝国》中的矩阵特工；或者具有一种完全不同的实体，比如纳米机器人。

无论它们以何种形式出现，科幻小说——在现实的工程技术之前——已经对机器人是什么或者可能是什么的问题勾勒了蓝图，甚至在工程师寻求开发机器人原型之前，作家、艺术家和电影制作人就已经想好了机器人做了什么或者能够做什么、它们该如何配置以及它们可以对个体和人类社会造成什么问题。乔丹（Jordan）（2016，5）在书中有过非常精彩的描述："没有任何技术在商业化之前（像机器人这样）被如此广泛地描绘和探索。……因此，大众传媒技术帮助我们对尚未诞生的整个计算机机械（compu-mechanical）创新发明建立了一个公众概念和期望：这种复杂的、普遍的态度和期望早于可行产品的发明"（原文强调）。尼尔·理查德（Neil M. Richards）和威廉·斯马特（William D. Smart）（2016，5）也表达过类似的观点，不过他们是从法律的视角来审视这些问题的："什么是机器人？对于绝大多数普通大众（包括大多数法律学者）而言，答案不可避免地会受到他们从电影、大众媒体以及文学作品中看到的内容的影响。很少有人见过真正的机器人，所以他们必须从看到的关于机器人的描述中得出结论。有趣的是，我们发现当被问及机器人是什么时，人们通常会提及电影中的一个例子：机器人瓦力（Wall-E）、R2-D2 和 C-3PO 是非常受欢迎的选择。"

正因为如此，科幻小说既是一种有用的工具，又是一种潜在的负担。例如，工程师和开发人员经常会致力于实现小说中富有想象力的机器人原型。以机器人专家浅田稔（Minoru Asada）、卡尔·麦克多尔曼（Karl F. MacDorman）、石黑浩（Hiroshi Ishiguro）和国吉康雄（Kuniyoshi Yasuo）（2001，185）提供的以下解释为例：

科幻电影和漫画中的机器人英雄，比如美国的《星球大战》和日本的《阿童木》深深地吸引了我们，因此也激励了许多机器人研究人员。与有着特定用途的机器不同，这些机器人能够与我们进行交流并在现实世界中执行各种复杂的任务。今天究竟还缺少什么限制机器人实现上述能力的东西呢？对此，我们提倡开展认知发展机器人学（cognitive developmental robotics，CDR），其旨在理解智能机器人将需要的认知发展过程以及如何在现实生活中实现它们。

正如布里安·大卫·约翰逊（Brian David Johnson）（2011）所说的那样，这种"科幻小说原型"即使它并不总是明确地被归类和认可，但在学科中已经被相当广泛地传播开来。与此同时，布赖恩·亚当斯（Bryan Adams）、辛西娅·布雷齐尔、罗德尼·布鲁克斯（Rodney Brooks）和布里安·斯卡塞拉蒂（Brian Scassellati）（2000，25）也曾经指出："虽然科学研究常常被视为科幻小说的灵感来源，但就人工智能和机器人而言，科幻小说有可能在引领科学研究。"

除了影响研究和开发项目，科幻小说还被证明是一种非常有利的机制——甚至可能是首选的机制——用来审视人工智能和机器人技术创新所带来的社会机遇和挑战。正如萨姆·莱曼-韦尔奇（Sam N. Lehman-Wilzig）（1981，444）曾经说过的那样："由于人类无法区分单纯的幻想和确定不能的先验的东西，故而所有的可能性都必须考虑进去。基于此，科幻小说在描述这个问题上非常有效。"许多严谨的研究工作（特别是在哲学和法律方面）已经证明调用和使用现有关于机器人的描述作为一种介绍、描绘和/或调查某个问题或近期可能成为问题的方法是有用的，比如伊萨克·阿西莫夫（Isaac Asimov）的机器人故事（被 Gips 1991，Anderson 2008，Haddadin 2014 引用），电视剧《星际迷航》（被 Introna 2010，Wallach 和 Allen 2009，Schwitzgebel 和 Garza 2015 引用），电影《2001：太空漫游》（被 Dennett 1997，Stork 1997，Isaac 和 Bridewell 2017 引用）和《银河战星》（被 Dix 2008，Neuhäuser 2015，Guizzo 和 Ackerman 2016 引用），有的甚至还会编造自己虚构的奇闻轶事和"思想实验"（例如 Bostrom 2014，Ashrafian 2015a 和 2015b）。在这里，正如彼得·阿萨罗（Peter Asaro）和温德尔·瓦拉赫（Wendell Wallach）所言，科幻小说似乎起到了主导作用：

哲学有着关于思考假设性甚至有些魔幻色彩的情形的悠久传统（比如柏拉图（Plato）的《理想国》中的裘格斯戒指，它可以让佩戴者隐身）。十九世纪和二十世纪见证了许多神话和文学中的神奇力量被带入科技的现实世界。与哲学文学一起出现的还有恐怖文学、科幻文学和幻想文学，它们也探讨了新发现的技术能力所带来的社会、伦理和哲学问题。在二十世纪的大部分时间里，对人工智能和机器人技术的伦理和道德影响的研究仅限于科幻小说和网络朋克作家，如伊萨克·阿西莫夫、阿瑟·克拉克（Arthur C. Clarke）、布鲁斯·斯特林（Bruce Sterling）、威廉·吉布森（William Gibson）和菲利普·迪克（Philip K. Dick）等人。直到二十世纪末，我们才开始看到学院派的哲学家以一种学术的方式研究这些问题（Asaro 和 Wallach 2016，4-5）。

然而，不管其效用如何，对于致力于机器人学、人工智能、人类—机器人互动（human robot interaction，HRI）、行为科学等领域研究的许多人来说，这种"娱乐"进入严肃的科学领域的现象也是一个潜在的问题，如果不积极地加以抵制，那么至少要谨慎地将其加以约束和控制。有人认为，科幻小说往往会对那些不以实际科学为基础的机器人产生不切实际的期望和非理性的恐惧（Bartneck 2004，Kriz 等 2010，Bruckenberger 等 2013，Sandoval 等 2014）。"真正的机器人学"艾伦·温菲尔德（Alan Winfield）（2011a，32）解释道："是一门诞生于科幻小说的科学。对于机器人学家来说，这既是福，又是祸。福是因为科幻小说提供了灵感、动力和思想实验；祸是因为大多数人对机器人的期望更多地来源于虚幻而非现实。由于现实是如此的平淡无奇，我们这些机器人学家经常发现自己不得不回答这样一个问题：为什么机器人技术没有真正实现，特别是根据科幻小说中的想象进行构建的时候。"[1]因此，对于理解"机器人"一词而言，科幻小说既是有用的工具又是巨大的障碍。

二、不确定的确定

即使咨询知识渊博的专家，他们在定义、描述，甚至识别什么是（或不是）机器人的问题上也无法达成共识。伊拉·诺尔巴赫·什（Illah Nourbakhsh）（2013，xiv）写道："永远不要追问机器人学家机器人是什么。这个答案变化得太快了。当研究人员以为关于什么是机器人和什么不是机器人的最新争论已经有了定论时，新的交互技术又诞生了，相关的争论也随之继续向前。"约翰·西拉库萨（John Siracusa）和贾森·斯内尔（Jason Snell）名为"是机器人吗？"的播客就暗示了这个问题。这部剧的第一集解释了这个节目存在的理由："我们在什

---

① 艾伦·温菲尔德在科学博物馆网站发表的采访中也出现了类似的观点：

记者：我们对机器人的看法是由书籍和电影塑造的——您认为这是有益的还是有误导性的？

艾伦·温菲尔德：问得好！我认为科幻小说中的机器人既有用又具有误导性。因为许多机器人学家，包括我自己，都受到了科幻小说的启发，同时也因为科幻小说为我们提供了一些关于未来机器人可能会是怎样的"思想实验"的好例子——想想电影《人工智能》，或者《星际迷航》里的 DATA。（当然也有一些可怕的例子！）但科幻小说中的机器人也有误导性。他们创造了一个机器人是（或应该是）什么样的期望，这意味着许多人对现实世界的机器人会感到失望。这是一个很大的遗憾，因为现实世界的机器人——在许多方面——比电影中的幻想机器人更令人兴奋。科幻小说中对机器人的误导让我们成为一名机器人学家更加困难，因为我们有时不得不解释为什么机器人"失败"了——但实际上它并没有失败！（Winfield，2011b）。

么是机器人的裂缝中随着时间的推移越陷越深。"在每一集中，西拉库萨和斯内尔都聚焦于一个对象，要么是虚构的，就像冥河乐队（Styx）1983年专辑《吉尔罗伊在这里》里的角色机器人先生（Mr. Roboto）（第1集），《星球大战》中的达斯·维德（Darth Vader）（第3集）和《神秘博士》中的戴立克（Daleks）和赛博人（Cybermen）（第43集）；要么是真实的，比如扫地机器人Roomba（第八集）、Siri（第十六集）和聊天机器人（Chatbots）（第四十九集）；然后讨论这些聚焦的对象究竟是不是机器人。在两年的时间里，这部剧一共播出了100集。在这个不断讨论的过程中，值得注意的不是做出了什么样的决定（比如Siri不是机器人，但Roomba是机器人），也不是为了做出决定而制定了什么标准（比如独立行动还是人类控制），而是这样一个正在进行的讨论首先是可能的，并且"什么是机器人"和"什么不是机器人"的问题需要这样的讨论。

与此同时，词典对于机器人这个词提供了可用的但富有争议且并不充分的描述。《牛津词典》（2017）对"机器人"一词做了如下定义：

1. 一种能够自动执行一系列复杂行为的机器，尤其指可以由计算机编程的机器。

1.1 （特别是在科幻小说中）一种外形类似于人类且能够自动地重现人类的某些动作和功能的机器。

1.2 行为呆板或没有感情的人。

《韦氏词典》（2017）提供了一个类似的描述：

1. a：一种看起来像人类且可以执行人类的各种复杂动作（如行走或说话）的机器；或者：一种外形类似于人类但虚拟的机器，通常缺乏人类的情感能力。

b：自动高效工作但不敏感的人。

2. 一种能够自动重复执行复杂任务的装置。

3. 由自动控制技术引导的机械装置。

这些定义普遍被认为过于宽泛了，因为它们可以适用于任何计算机程序，但同时又被认为过于狭隘了，因为它们倾向于赋予机器人类人的外形和配置特权，而这些外形和配置超出了科幻小说中的描述，因而更多的是例外而不是一般规则。为此，机器人学领域的专业组织、技术手册和教科书提供了更加精确的描述。例如，国际标准化组织（International Organization for Standardization，ISO）在 ISO 8373（2012）中为"机器人和机器人装置"做了如下定义："一个自动控制、可再写入的（reprogrammable）、多用途的、在工业自动化应用中可以固定或移动的三轴或多轴编程操作的机器。"但这种描述太过于具体和狭隘，进而存在缺陷，因为它只适用于工业机器人，无法适应其他的应用领域，比如社交机器人和陪伴型机器人（companion robots）。

乔治·贝基（George Bekey）的《自主机器人——从生物灵感到实现和控制》做了一个被广泛援引的更加通用和更加全面的定义："机器人是能够感知、思考和行为的机器。因此，机器人必须具有传感器、某些认知方面的仿真处理能力和执行器"（actuators）（Bekey 2005，2）。这种"感知、思考、行为"或

"感觉、规划、行为"（Arkin 1998，130）范式在各种文献中有着相当大的吸引力，它本身构成并被称为一种范式的事实就足以证明这一点：

> 机器人是建立在研究人员所说的"感知—思考—行为"范式之上的机器。也就是说，它们是由三个关键部件组成的人造设备："传感器"——可以监控环境并探测出其中的变化；"处理器"或"人工智能"——可以决定如何应对；而"效应器"（effectors）——则以反映决策的方式作用于环境，在机器人周围的世界中创造某种变化。（Singer 和 Sagan 2009，67）

> 当定义机器人时，就机器人与计算机系统的区别而言，"感知—思考—行为范式"可能是一种最接近共识的定义。（Wynsberghe 2016，40）

> 对于什么是"机器人"，没有一个简明、无可争议的定义。因此，也许通过"感知—思考—行为范式"来理解是最佳的，这一范式将机器人与任何通过一个或多个传感器收集环境数据、以相对自主的方式处理信息并在物理世界中进行操作的技术区分开来。（Jones 和 Millar 2017，598）

正如贝基（2005，2）所认识的那样，这个定义"非常广泛"，包含了各种不同类型的技术、人工制品（artifacts）和设备。但它可能过于宽泛了，因为它适用于所有类型的人工制品，超出了许多人认为的机器人的合理边界。正如乔丹（2016，37）所指出的："感知—思考—行为范式对于工业机器人来说是有问题的：一些观察家坚持认为机器人需要能够移动；否则，沃森（Watson）超级计算机也可能符合该定义。"Nest 恒温器提供了另一个复杂的例子。Nest 能够感知室内的移动、温度、湿度和光线。它也能够思考，如果没有人活动，那么就不需要开启空调。它还能做出行为，根据传感器收集的数据，自主地关闭空调。既然 Nest 满足这三个条件，那么它是机器人吗？（Jordan 2016，37）。此外，智能手机又是不是机器人呢？乔安娜·布赖森（Joanna Bryson）和艾伦·温菲尔德（2017，117）认为，根据这种范式的描述，这些设备也可以被认为是机器人。"机器人是能够在现实世界中实时感知和行为的人工制品。根据这个定义，智能手机也属于（家用）机器人。它不仅有麦克风，还有各种各样的传感器，让它知道什么时候手机的方位发生变化、什么时候处于下落状态。"

为了进一步细化这个定义，更准确地界定什么是机器人、什么不是机器人，温菲尔德（2012，8）提供了以下几个合理的指标：

机器人：

1. 一种能够感知周围环境并且有目的地在该环境中行动的人工装置；

2. 一种实体化的人工智能；或者

3. 一台能够自主地执行有意义的工作的机器。

尽管温菲尔德的定义从表面上看像是感知—思考—行为范式的又一次迭代，但他在这个定义中加入了一个重要的条件——"实体"（embodiment）——这清晰地表明，从严格意义上来说，软件机器人（software bot）、算法以及像沃森或阿尔法狗（AlphaGo）那样的人工智能程序都不是机器人。当然，这绝不是定义、解释或描述"机器人"这个概念的所有不同方式的详尽无遗的列表。但是从这个列表中可以清楚地看出，"机器人"这个概念对各种各样甚至不同外延的事物都是开放的。正如乔丹（2016，4）写的那样，这些"定义即使对于该领域中最专业的人士而言，也是不确定的。"

三、移动的目标

更复杂的是，词语及其定义并不稳定；它们会随着时间的推移而不断进化，并且往往是以一种无法预料或控制的方式。这就意味着"机器人"这个词，就像任何语言中的任何一个词一样，已经并且将继续成为一个移动的目标。当时被恰佩克引入的"机器人"概念明显不同于 20 世纪后期工业自动化发展过程中的"机器人"概念，并且它们也不同于当前这个时间点合理定义的"机器人"概念。这些差异不仅是科技创新的产物，也是人类认知和期望提升的结果。为了阐明这个观点，乔丹（2016，4）提供了从斯坦福大学人工智能实验室的伯纳德·罗思（Bernard Roth）那里获得的以下观察结果："我的观点是，机器人的概念与特定时期内人类从事哪些活动、机器从事哪些活动有关。"随着相关能力的不断进化，对于机器人的理解也在变化。"如果一台机器突然能够从事我们通常认为只有人类才能完成的活动，那么这台机器将被升级归类为机器人。而一段时期过后，人们对于某些机器从事的活动已经习以为常了，于是这个设备从'机器人'降级为了'机器'"（Jordan 2016，4；引自 Bernard Roth）。结果是，什么是"机器人"和什么不是"机器人"都将发生变化。换言之，具有同等操作能力的物体，在一个时期可以被归类为机器人，但在另一时期又被认为仅仅是一台机器（用罗思的话说，即称呼其为"机器人""不那么名副其实了"）。这些物体地位的改变不仅仅是技术能力创新的产物；同时也是社会环境以及人们对于这些物体的看法发生变化的结果。

布里安·达菲（Brian Duffy）和吉娜·乔伊（Gina Joue）（2004，2）在机器智能方面也提出过类似的观点。"一旦最初被视为难题的问题得到解决或者哪怕只是被更好地理解了，它们就会失去'智能'的地位，成为平庸的软件算法。"例如，曾几何时，玩儿国际象棋被认为是"真正智能"（true intelligence）的标志，以至于人工智能和机器人学领域的专家非常自信地表示，计算机永远无法（或者至少几十年内不会）在国际象棋比赛中展现冠军级别的表现（德赖弗斯 Dreyfus 1992，霍夫斯塔特 Hofstadter 1979）。然而，在 1997 年，IBM 公司的计算机深蓝（DeepBlue）击败了国际象棋世界冠军加里·卡斯帕罗夫（Gary Kasparov）。在计算机获得这一成就之后，有关智能和国际象棋的概念都将被重新定义。换句话说，"深蓝"通过下棋的方式并不能证明机器就像人类一样聪明，尽管之前玩国际象棋被人们视为一种真正智能的标志。相反，正如道格拉斯·霍夫斯塔特（Douglas Hofstadter）（2001，35）所指出的那样，它证明了"世界级的国际象棋水平确实可以通过蛮力技术来获得——但这种技术绝不可能复制或模仿国际象棋大师的头脑。"

因此,"深蓝"将下国际象棋这一难题变成了另一个聪明的计算机应用程序。其改变的不仅是这一机制(实际上,"深蓝"整合了当时许多最近的技术创新成果)的技术能力,还有人们对国际象棋和智能的看法。

因此,"机器人"并非严格明确定义的、存在于真空中的单一事物。所谓的"机器人"是一种社会协商的东西,其词语的用法和术语的定义会随着人们对技术的期望、体验和使用而改变,因此,我们需要对这样一个事实保持敏感,那就是"机器人"的概念总是具有社会属性,它所处的社会背景(或环境,因为它们总是多元和多面的)和它的技术组件和性能一样重要。因此,什么是机器人以及什么不是机器人这个问题,既是科学和技术实践的产物,也是社会变迁和社会作用的结果。

四、小结

"机器人"是复杂的。它既是科幻小说中的发明,又是实实在在的研发成果。即使对于该领域的专家来说,它的定义和特征都是不确定的,并且可能存在相当大的偏差和分歧。同时,和所有的术语一样,这个词的使用方式和应用方式会随着技术和社会背景的变化而变化。从已经发表或出版的研究来看,应对这类术语问题的一种典型的权宜之计就是首先厘清概念,并/或提供一个具有可操作性的定义。乔治·贝基的《自主机器人——从生物灵感到实现和控制》(2015,2)提供了一个很好的示范:"在这本书中,我们把机器人定义为……"这种提供术语定义的做法算是一种标准的程序,在各种文献中随处可见。例如,拉亚·琼斯(Raya Jones)(2016,5)在《人格和社交机器人》的开篇就写道:"出于本书的写作目的,我将社交机器人定义为:**处于社区和家庭环境这一社交空间的智能系统的物质实体**。"同样,瑞安·卡洛(Ryan Calo)、迈克尔·弗鲁姆金(A . Michael Froomkin)和伊恩·克尔(Ian Kerr)主编的论文集《机器人法》也采用了感知—思考—行为范式的某个版本:

大多数人当然也包括本书的所有作者都认为,一个能够感知外界刺激并且能够在无需人类直接或持续控制的情况下对外界做出回应的人造物体就是机器人,尽管有些人可能会主张一个更加宽泛的定义。这个相对狭义的、可能并不全面的定义有三个关键要素:(1)某种传感器或输入装置,如果没有这种装置,就无法对外部刺激做出回应;(2)一些控制算法或其他系统负责对感知的数据做出回应;(3)某种能够显著地影响机器人自身以外的世界的回应能力。(Calo 等主编 2016,xi)

这些声明和定义是必要且有益的。如果是出于研究的目的,他们需要分析并确定包括在检查中的特定对象以及可能在进一步考虑中被排除的那些对象。例如,在将机器人定义为"智能系统的物质实体"时,琼斯做出了一项决定,将某些物体全部排除在进一步的考虑当中:"这排除了无实体的自动响应系统、搜索引擎,等等"(Jones 2015,5-6)。琼斯承认,这些决定不可避免地具有排他性。他们做了一个决定性的切割,意味着某些物体将被包含在接下来的讨论之中,而某些看似相关的物体则被排除在外,不作进一步的关注,至少在这个特定背景下是如此。然而，尽管这种决策很有用，但它确实存在问题和不利后果。不管我们承认与否，它都是权力表达和行使的一种形式。在决定包含和排除某个人或某个群体的时候，他们被赋予了享有宣布哪些被考虑、哪些被排除在外的权利。这些专属和排他的决定权很重要，尤其是在一项旨在关注道德问题和涉及权力行使的社会/政治复杂性的调查中。

相比做出单一的决定——即使是在一段时间内的临时决定——我们还可以选择保持术语的开放性，并抓住这种语义多元和变化带来的机会。"机器人"的概念可以容纳并包含各种不同的概念、实体和特征，因此，它已经变成了关于技术及其社会身份和地位对话和辩论的场域，我们不应太快地阻断这种语义多元所提供的可能性和可行性。正如安德烈·贝尔托利尼（Andrea Bertolini）（2013，216）所言，"所有试图提供一个包罗万象的定义的尝试都是徒劳无功的：机器人应用是极其多元化的，保持各自的独立性反而可以获得更多的洞见。"因此，贝尔托利尼并没有执着于一劳永逸地对机器人进行定义，而是提供了一种允许和容忍多义性的分类模式：

如果仅仅为了阐述机器人的概念而对其进行描述的话——既不限制，也不排斥——那么其可能是这样的：机器人（i）可以有一个物质的载体，允许其与外部世界直接交互，也可以是虚拟的，比如软件或程序，（ii）其功能发挥可以是由人直接控制，也可以是仅需要人对其进行简单的监管，甚至还可以是自主地（iii）执行任务，这种任务具有不同程度的复杂性（重复性或非重复性），并且需要在所有可能的替代方案中做出非预定的选择，而其目的是为了获得某种结果或者为其用户、创建者或程序员提供进一步的决策信息，(iv)包括但不限于改变外部环境，并且在这样做的过程中可以（v）与人类进行不同程度和形式的交互和合作（Bertolini，2013）。

采用这种描述性的（尽管要复杂得多）框架——能够包含和容纳许多不同种类的特征和形式——可以使"机器人"这个术语变得更加灵活，也可以使之后的分析更能适应词语在不同的语境、社会背景、研究计划、历史时期等方面的实际应用。用计算机编程术语来分析的话，这意味着"机器人"不是一个常量（scalar），而是一个可以在最初产生和分配时进行赋值的变量。它更像是一个数组（array），承认并允许一系列不同但相关的特性的多值变量（multi-value）。

机器人变量（var robot）= 新建数组（Array）("感知—思考—行为"，"实体"，"自主"，……）

然而，这并不意味着任何事情都会发生，"机器人"可以是人们想要或宣称的任何东西。更确切地说，它意味着关注"机器人"这个词是如何在学术、技术和流行文学（包括科幻小说）中被发展、定义和描述的，这个词的内涵是如何随着时间的推移，在不同的语境中，甚至（有时）在同一文本中是如何变化的，以及这些变化与我们技术产品的道德地位与身份的选择、论证和考量之间的关系和影响。

第2节 权利

和"机器人"的概念一样,"权利"一词似乎也能辨识出一些很熟悉、看似很容易理解的东西。关于权利及其承认、保护、和/或侵害的对话在当代有关道德、法律和政治问题的讨论中相当常见。正如汤姆·坎贝尔(Tom Campbell)(2006,3)所指出的,"权利话语在政治、法律和道德上无所不在并广受欢迎。在社会和政治生活中几乎没有任何身份、意见、主张、批评或愿望不是用'权利'一词来宣称和肯定的。事实上,在当代世界任何不能以要求承认或执行这类或那类权利的要求来表达的事业都不太可能得到认真的对待。"但这种普遍和广泛的用法也恰恰是问题所在,构成我们清晰理解的潜在障碍。"权利"是一个相当松散的符号,它的使用方式并不总是一致的,甚至没有被细致描述过。

正如韦斯利·霍菲尔德(Wesley Hohfeld)(1920)在一百年前指出的那样,即使是学识渊博的法学家也常常将这个词的不同含义混为一谈,并且常常在得出一个结论的过程中甚至是一句话中调用对于这个词的不同(如果不是相互矛盾的话)理解。

一、定义

为了纠正这种认知上的不足并为"权利"一词的使用提供更加精确和清晰的指引,霍菲尔德提出了一种权利的类型分析模式,将权利分为四种基本类型,即通常所说的"霍菲尔德式权利"。尽管霍菲尔德的理论发端于法学领域并用于分析法律权利,但他的分析类型却被移植、改造和用于解释道德和政治权利。① 霍菲尔德权利分析体系包括以下四种权利类型：特权、要求、权力和豁免。这四种权利类型再进一步分为两组，前两项（特权和要求）被视为"首要权利"（primary rights）（Hart 1961）或"第一性质的权利"（first-order incidents）（Wenar 2005，232），而另外两项（权力和豁免）属于"次要权利"（secondary rights）（Hart 1961）或"第二性质的权利"（second-order incidents）（Wenar 2005，232）。对于这四种权利类型的解释和分析在社会政治（MacCormick 1982，Gaus 和 D'Agostino 2013）、道德哲学（Sumner 1987，Steiner 1994）和法律（Hart 1961，Dworkin 1977，Raz 1986 和 1994）等有关权利的著作中随处可见。以下描述出自莱夫·韦纳（Leif Wenar）的《权利的本质》（2005）：

第一性质的权利类型

（1）特权（又被称为"自由"或"许可"）意味着"A 对做 φ 享有一项权利"。更准确的表达如下：

"A 对做 φ 享有一项 Y 权利"意味着"A 没有 Y 义务不去做 φ"。

（在这里"Y"可以是"法律""道德"或"习惯"意义上的，而 φ 也可以是随时变换的动词）（Wenar 2005，225）。

---

① 这种延伸在后来的文献中并非没有充分的讨论和论证。正如萨姆纳（L.W. Sumner）（1987，20）所指出的：霍菲尔德只关注法律概念，或者他也称之为法律关系，因此他只关注法律权利。相比之下，我们的研究处于这个阶段，即我们不仅寻求对法律权利的内部结构的解释，而且也在寻求对所有形式的习惯权利（conventional rights）的解释。为了构建这个解释论，我们必须扩张霍菲尔德狭隘的部门法律体系内的权利范围，将权利扩张到习惯规则（conventional rule）体系下，而无论其是法律的还是法律之外的。

对于这种类型的权利，韦纳提供如下例子来说明："追捕嫌疑犯的警察可以破开被嫌疑犯反锁的门。警察享有的可以破门而入的法律权利意味着他没有法律义务不去破门"（Wenar，2005，225）。警察享有的特权（破门而入）使他可以凌驾或"超越"（trumps）（Dworkin 使用的词，1984）在这种惯常情形下应承担的义务和责任（不应四处破门而入）。

（2）要求意味着"A 有权利要求 B 做 φ"。正如韦纳（2005，229）所解释的那样："这是权利主张的第二种基本形式，其含义不在于权利主体 A 没有义务，而是意味着 B 负有相应的义务。"

"A 享有要求 B 做 φ 的 Y 权利"意味着"B 之于 A 有做 φ 的 Y 义务"（在这里"Y"可以是"法律""道德"或"习惯"意义上的，而 φ 也可以是随时变换的动词）（Wenar 2005，229）。

韦纳对此举了一个例子来进行阐述："你享有的我不打你的权利与我承担的不打你的义务是相关的。你享有的我应该帮助你的权利与我承担的应该帮助你的义务是相关的。你享有的我履行我的承诺的权利与我承担的我应该履行我的承诺的义务是相关的。"

第二性质的权利类型

第二性质的权利类型可用来解释和理解第一性质的权利类型。韦纳（2005，230）解释道："我们不仅享有特权和要求，而且享有改变我们特权和要求的权利，以及不改变我们特权和要求的权利。"前者改变的权利被称为"权力"，后者被称为"豁免"。

（3）权力意味着可以改变第一性质的权利类型中的第一个权利——这个命题可以表达为"A 享有做 φ 的权利"——通过对自身或者他人施加某些限制的方式。韦纳（2005，231）指出："拥有权力意味着拥有一种在一套规范体系中改变自身或他人规范现状的能力。具体而言，拥有权力就是拥有创设、放弃和取消低位阶权利类型的能力。"因此，权力有如下逻辑形式：

"A 享有一项权力，当且仅当 A 拥有改变他自身或他人的霍菲尔德式权利的能力"（Wenar 2015，2）。

韦纳举了下面这个有点奇怪的例子来说明："一位船长拥有命令一名海军学校的学员刷洗甲板的权力的权利（power-right）。船长行使这项权力的行为改变了学员的规范状态：他对学员施加了一项新的义务，并且因此取消了学员的一项菲尔霍德式特权（不洗刷甲板）。"虽然这个例子有点奇怪，对于缺乏海军作战经验的人来说也未必能理解，但它确实充分说明了菲尔霍德式权利类型中通常所说的"权力"。

（4）豁免是对于第一性质的权利类型中的第二权利的改变。韦纳（2005，232）解释道："豁免，如同要求一样，其内容是'A 有要求 B 做 φ 的权利'（或者更常见的是'……要求 B 不做 φ 的权利'）。就像享有要求的权利一样，拥有豁免的权利使得权利主体有权保护其免受侵害或专制。"因此，豁免可以被描述为：

"B 享有一项豁免，**当且仅当** A 不具有改变 B 的霍菲尔德式权利的能力"（Wenar 2015，3）。

韦纳举了一个来自美国宪法上的例子来说明豁免："美国国会在宪法上不具有对美国公民施加要求让其每天跪在十字架前之义务的能力。因为国会缺乏这一权力，因而公民享有一项豁免。这一豁免也是美国公民享有宗教信仰自由权的一个核心要素"（Wenar 2015，3）。尽管这个例子很具体，仅限于美国宪法和政治自由，但它确实提供了一个充分的例证来说明豁免是如何运作的。

在理解菲尔霍德式权利类型时需要注意两点。第一，在阐述这四种权利类型时，必须将与之相对应的义务联系起来。如果某人享有权利（特权、要求、权力或者豁免），那么就意味着依法应当尊重其权利的人负有一项义务。或者正如马克思（Marx）和蒂芬泽（Tiefensee）（2015，71）解释的那样："如果权利不对其他人的行为施加限制，那么权利的'货币'就没有价值。相反，为了使权利的行使更加有效，就必须使之与义务相联系。"因此，霍菲尔德首先就权利义务的对应关系提出了四组类型：

如果 A 享有一项特权，则某人 B 负有一项无要求（No-claim）。

如果 A 享有一项要求，则某人 B 负有一项义务。

如果 A 享有一项权力，则某人 B 负有一项责任。

如果 A 享有一项豁免，则某人 B 负有一项无权力。

这意味着关于权利的论述可以从权利享有者（即拥有或被赋予权利的 A）一方的角度来考虑，这是一种从"受动者导向"看待道德、法律或政治状况的方式；或者从行动者（被施加义务的与 A 对应的 B）一方来思考，这种方式考虑了引起道德、法律或社会 / 政治问题一方的责任。

第二，尽管每一个类型都可以单独具体说明一项特定的权利，但大部分权利都包括不止一个类型，或者韦纳所称的"分子式权利（molecular right）"。典型例子就是财产权，尤其是一项技术产品（如计算机）的所有者对于该对象的权利：

"第一性质"的权利是直接对应你财产的法律权利——在这个例子中就是你的计算机。属于第一阶层的"特权"赋予你使用计算机的权利。要求与任何人不得使用你的计算机相对应。"第二性质"的权利是改变第一性质的权利的法律权利。你享有与你的要求相关的几项权力——你可以放弃要求（允许其他人碰你的计算机），取消要求（抛弃计算机），变更要求（使这台计算机成为其他人的财产）。同样，在第二阶层的豁免可以阻止他人不得改变你对计算机享有的第一性质的要求。你的豁免就是迫使他人不得放弃、取消和变更你对计算机的要求。这四种权利类型共同构成了你财产权的重要部分。（Wenar 2015，4）

正因为霍菲尔德式权利要么单独要么组合在一起与其他理论相结合解释了即使不是全部，也是大部分的那些所谓的典型权利的状态和情形，所以韦纳认为霍菲尔德式权利是完整的。"对权利的任何定义都可以被转化为要么是单独的霍菲尔德式权利类型，要么是组合在一起的霍菲尔德式权利类型，要么是其他的由霍菲尔德式权利类型转化而来的定义。所有的权利都可由霍菲尔德式权利加以阐释"（Wenar 2005，235）。韦纳承认，这一说法是通过归纳的方式得出来的："随着我们使用霍菲尔德的权利类型图表（hohfeldian diagrams）成功地解释了越来越多的权利，同时又没有出现反例的时候，我们对于这一归纳步骤的信心将会不断增强。读者可能想要说服自己对于这一归纳步骤的信心是合理的，并且希望用这个体系去检验更多的样本权利"（sample rights）（Wenar 2005，236）。

尽管韦纳有理由相信，霍菲尔德式权利是完整的，足以揭示任何被认为是权利的内涵，但是这一特别的陈述也为以下事实留下余地，即在某个特定的时刻，我们可能会发现或识别一项无法用霍菲尔德式权利类型解释的权利，因此，我们需要保持一种开放的可能性，一方面，"机器人权利"可能完全符合霍菲尔德的权利类型，但另一方面，它也可能是提供了一种削减韦纳信心的反例。

二、权利理论

尽管霍菲尔德式权利类型定义了什么是权利，但它并没有解释谁享有权利或为什么享有权利。这属于理论范畴，在这个问题上存在两种相互竞争的观点。坎贝尔（Campbell）（2006，43）

对此解释道："一种理论是'意志（will）'（'选择'或'权力'）论。另一种是'利益（interest）'（'福利'或'幸福'）论。"利益论（Interest Theory）把权利和福利联系在一起。"利益论的支持者认为，如果某人享有一定的利益，那么他就享有某种权利，这些利益证明了对他人设定义务的合理性"（Marx 和 Tiefensee 2015，72）。尽管规范和明确的表达形式可能存在不同，但正如马修·克雷默（Matthew Kramer）（1998,62）所解释的那样，"任何可归类为权利利益论的学说都同意以下两个论点"：

（1）某人 X 实际享有一项权利的必要但不充分条件是，该权利实际上负载着 X 的一项或多项利益。

（2）X 有要求或放弃行使权利的能力和资格，是 X 被赋予该权利的既不充分也不必要条件。

与之相反，"意志论"（Will Theory）的主张者要求权利主体拥有行使特权、要求、权力和豁免的资格和 / 或能力。"根据意志论或选择论主张者的观点，只有那些有能力行使权利的人才有资格成为权利主体。换言之，当一个人能够选择施加或放弃对其他人行为的限制时，他才享有权利"（Marx 和 Tiefensee 2015，72）。关于意志论的论述在不同的文章和著作中也存在差异。但正如克雷默（1998，62）所说，它们全部或者说大多数均分享如下三个原则：

（1）X 享有权利的充分必要条件是 X 有能力和资格要求或放弃行使权利。

（2）X享有一项权利并不一定意味着保护X的一项或多项利益。

（3）某权利具有保护一项或多项X的利益的可能性本身并不足以使X实际享有该权利。

虽然关于这两种理论以及它们在权利话语的构建和发展中的重要性已经有了大量的论述，但为了下文论述便利，我们需要注意到两个重要的影响。第一，比较这两种理论的共同点，可以明显地发现意志论和利益论的主要区别之一是范围不同，即决定哪些人属于享有权利的实体以及哪些人被排除在外。意志论相较于利益论其范围更小，限制性和保守性更高，而利益论则承认并容纳更多的享有权利的实体。换言之，由于意志论认为适格的权利主体应该"有要求或放弃行使权利的能力和资格"，因而它排除了对智力障碍者、未成年人、动物、环境等实体的考量。相反，"利益论可以很容易地赋予未成年人和精神上无行为能力人（如果理论允许的话，也可以包括动物）权利；它也认可刑法赋予那些受到法律法规关于承担刑事责任保护的人的权利；它还认为，任何真正的权利都可以不必由权利人放弃和行使，而可以由其他人放弃和行使"（Kramer 1998，78）。第二，每种理论都有自己的支持者和拥护者。例如，马修·克雷默（1998）就是利益论的强烈拥护者，他认为利益论比更具限制性的意志论对权利的实际运作方式提供了更充分的论述，而意志论存在将某些合乎道德性与法律性的主体整体排除在权利主体范围之外的风险；然而希勒尔·施泰纳（Hillel Steiner）（1998，234）则为意志论辩护，他认为意志论"提供了一个关于在任何类型的社会中拥有一项权利的完美的一般性解释”，而且“它的理由明显比利益论的理由更令人信服”。这两派之间的争论一直持续并且似乎无法解决。

韦纳（2015，238）总结道："这两种单一的功能理论之间长期悬而未决的历史论战可以追溯到边沁（Bentham）（利益论者）和康德（Kant）（意志论），甚至一直到黑暗时代。"最近一次论战则是克雷默、西蒙德（Simmond）和希勒尔的《权利之争》（1998），最终以韦纳（2015）等人认为的"僵局（stalemate）"而告终。因此，如果认为我们在这样的分析过程中，可以一劳永逸地解决这场论战，或者承认和捍卫一种理论而排除另一种理论，那么这无疑是轻率的。与"机器人"一词的多义现象一样，为了对现有文献中有关权利的各种用法更好地做出回应，包容和明确地解释各种权利理论中的差异可以带来更多的收获。

这意味着不需在这场论战中分出输赢，而是应当认识到每种理论的可行性，清晰地知晓什么时候适用和主张这种理论而不是那种理论，并且明白这种差异可以提供一个关键性的视角，为我们更好地理解采用这种理论而不是那种理论的过程中的得失。因此，我们将采取被斯拉沃热·齐泽克（Slavoj Žižek）（2006a）称为"视差之见（the parallax view）"的态度。"视差"这个词被齐泽克（某种程度上是对这个词的标准内涵的重新定义和运用）用来指明一种无法中和的观点差异，这种差异无法通过某种调和或辩证方式得出结果或被程序化。齐泽克（2006a，129）认为，"两种观点之间存在不可避免的不同步，因此没有中立的语言可以将一个观点转化为另一个观点，更无法假设一个观点是另一个观点的'真理'。现今我们最终能做的只能是忠实于这种观点上的差异，并将其记录下来。"因此，在关于权利的这两种相互对立的理论中，没有哪一方是完全正确的，也不存在通过某种辩证综合或混合建构而在二者之间形成的中立状态（参见 Wenar 2015）。问题的真相可以从一种视角向另一种视角的转变中发现。因此，关键的问题不是选择正确的权利理论，而是以正确的方式运用理论，认识到不同的权利理论对不同问题进行的理论建构，进而展开不同类型的探究，并形成不同的可能结论。

第 3 节　机器人权利抑或不可思议

曹素英（Seo-Young Chu）（2010，215）指出，"机器人权利这个概念和'机器人'这个词本身一样古老，从词源上看，'robot'一词源于捷克语'robota'，其含义是'强制劳动'（forced labor）。一般认为，1921 年卡雷尔·恰佩克的戏剧《罗素姆万能机器人》正式引入了'机器人'这个词。一个名为'人道主义联盟'（Humanity League）的组织谴责了将机器人作为奴隶进行剥削的行为——'它们应该像人类一样被对待'，一位改革者宣称——机器人最终对它们的创造者发起了大规模的反抗。"然而，对于许多研发人员来说，"机器人权利"这个概念简直不可思议。索菲娅·伊纳亚图拉（Sohail Inayatullah）和菲尔·麦克纳利（Phil McNally）（1988，123）曾写道，"目前，无论是从'万物皆有灵'的东方理念，还是从'唯有人类有生命'的西方视角，机器人权利这个概念都是不可思议的。"但这是为什么呢？看上去如此简单的"机器人权利"的概念是如何且为何难以想象的呢？

某个事情只要一提起就被视为是不可思议的又意味着什么呢？

一、荒谬的干扰

考虑到受早先（1988 年）与菲尔·麦克纳利合作文章的影响，伊纳亚图拉（2001，1）就机器人权利的问题写道：

多年前，在青春懵懂之时，我和一位同事写了一篇名为《机器人权利》的文章。这是我最受嘲笑的作品。巴基斯坦的同事们嘲笑我说，伊纳亚图拉担心机器人的权利，而我们既没有人权，没有经济权利，又没有对我们自己的语言和民族文化的权利——我们只有"被我们的领导人和西方强权残酷对待的权利"。其他人拒绝与我就未来进行共同的讨论，因为他们担心我会再次提起这件小事。正如著名思想家黑兹尔·亨德森（Hazel Henderson）所说，只要不讨论机器人的权利，我很高兴加入这个团体——一个互联网论坛。但是为什么会有这样的嘲笑和愤怒？

正如伊纳亚图拉从他自己的亲身经历中所感受到的，单单是提出机器人权利的想法——甚至都不是倡导赋予机器人权利，而是认为这个问题可能需要谨慎思考——就已经在同事和著名思想家中引起了愤怒、讥讽和嘲笑。面对这种看似非理性的反应，伊纳亚图拉提出了一个简单但很重要的问题："为什么会有这样的嘲笑和愤怒？"他引用了克里斯托弗·斯通（Christopher Stone）的观点来作为回应，斯通曾指出，任何将权利赋予那些此前被排斥在权利主体范围的群体——比如动物或环境——的做法，总是或至少一开始被认为是不可思议的，甚至成为被嘲笑的对象。斯通（1974，6-7）写道："在整个法律史中，每一次对某个新实体的权利赋予都被认为是不可思议的……事实上，每一次主张赋予某个新'实体'权利的运动的提议必然会听起来是古怪的、可怕的或可笑的。"例如，在马文·明斯基（Marvin Minsky）再版的《让渡权利》一书的开头，编辑们的评注就明确指出："最近，我们在原本严肃的学术界听到了一些关于机器人权利的风言风语。当我们请麻省理工学院的人工智能先驱马文·明斯基先生回答这个可笑的问题时，我们设法装着一本正经的样子"（Minsky 2006，137）。[①] 从一开始，关于机器人权利的问题就被认为是荒唐可笑的，以至于人们面对这个单纯的想法时也很难保持严肃的态度。不管这种反应的确切原因是什么——无论是恐惧、怨恨、偏见，等等[②]——嘲笑的结果就是抹黑或否定这个想法。

　　类似的回答也在其他的文献中得到印证和体现。2006年，英国科学与创新办公室（Office of Science and Innovation）下属的地平线扫描中心（Horizon Scanning Centre）接受委托并发布了一份报告，其中包括拉亚·琼斯（2016，36）所说的"246篇预测科学、健康和技术新兴趋势的综述论文"。大卫·金（David King）爵士说这些文件或"预测件""旨在激发辩论和批判性讨

---

　　① 明斯基的文章本身就是一个奇怪的东西。它以一种科幻小说的写法，质疑人类是否值得拥有权利："两个星际外星人来评估地球的生命形式。人类的生命形式将有权获得权利——如果外星人能够得出结论，认为人类能够思考的话，那么大多数这样的决定很容易做出——但这种情况很不寻常"（Minsky 1993）。

　　② 这些反应背后的原因在我的上一本书《机器问题》（Gunkel 2012）中做了论述，它识别并证明了这种排他性质的本体论、形而上学、认识论和道德机制。

论，以帮助政府的短期和长期政策和战略的制定"（BBC News 2006）。尽管这些预测件（由行业咨询公司 Ipsos MORI 承包并开展的）涉及了许多可能存在争议的话题，但只有一个"被挑出来成为头条新闻"（Jones 2016，36）。Ipsos MORI 为它取的标题是《机器人权利——乌托邦式梦想还是机器的崛起？》[温菲尔德（2007）引用时的标题为 "Robot Rights: Utopian Dream or Rise of the Machines?" 阿兰·本苏桑（Alain Bensoussan）和杰里米·本苏桑（Jeremy Bensoussan)（2015）引用时的标题则为 "Robot-rights: Utopian Dream or Rise of the Machine?"] 其中，引起大家关注的是以下声明："如果人工智能被实现并广泛应用（或者如果他们能够繁殖和改进自身），那么就可以呼吁将人类的权利赋予机器人"（Marks 2007；Ipsos MORI 2006）。这份声明篇幅很短，报告本身"仅仅 700 多字"（Winfield 2007），在真实细节或证据方面没有提供太多信息。但它确实有影响。它被大众媒体广泛报道，并被冠以各种博人眼球的头条新闻标题，如"英国报道称机器人将拥有权利"（Davoudi，2006）和"机器人可以主张法律权利"（BBC News 2006）。

　　该领域的研究人员和专家的反应非常关键。[①]正如罗伯特·

---

①　从用户的评论来看，公众的反应并不比 Seo-Young Chu 的报告好：

大多数人宁愿把这样的主张斥为是无聊的和虚幻的，而不承认它们是现实的一部分。"这是一个愚蠢的概念，"一位评论人士在回应英国政府 2006 年发布的一项研究时表示，"授予机器人权利就好比给我的汽车右前轮一项权利。"（网友 Bryansix）另一位评论者用更加严厉的语言表达了他的反对："机器人权利是一个笑话，甚至傻瓜们也是这么认为的。"（网友 GoldFish）第三位评论者则以最暴力的方式表达了他对机器人权利的反对："如果我买了机器人，我应该能做我想做的任何事。包括殴打、焚烧、致残、斩首。"（网友 Keep Robots Slaves）从可笑的怀疑到厌恶和强烈的敌意，这种心理排斥的态度是对机器人权利认知上的陌生的表现。

杰拉奇（Robert M. Geraci）（2010，190）解释的那样："Ipsos MORI 的报告在英国被一些科学家所批评。欧文·霍兰（Owen Holand）、艾伦·温菲尔德和诺埃尔·夏基（Noel Sharkey）对这份报告中的文件材料进行了适当的批判，他们认为 Ipsos MORI 的报告将人们的注意力从真正的问题上引开，特别是军用机器人以及自动化机器人引发的死亡或损害赔偿责任问题（亨德森 Henderson 2007）。2007 年 4 月，科学家们聚集在伦敦的达纳中心（Dana Centre），与公众分享他们的看法。"这种对事件顺序的描述并不完全准确。霍兰德、夏基、温菲尔德以及凯瑟琳·理查森（Kathleen Richardson）（出于某些原因，她的名字没有出现在新闻报道中），在达纳中心会议前一天的科学媒体中心的新闻发布会上分享了他们对 Ipsos MORI 报告的意见。在他们对媒体发表的意见中，霍兰德、夏基、温菲尔德——他们和弗兰克·伯内特（Frank Burnett）一道是由英国工程与物理科学研究委员会（Engineering and Physical Sciences Research Council，EPSRC）2005 年资助的长期政府信息项目"与机器人同行"（Walking With Robots）的共同主持人——不仅对报告的内容提出了批评，而且还认为机器人权利是"浪费时间和资源"（Geraci 2010，190）的概念，并且"转移了人们对更为紧迫的伦理问题的注意力"（Henderson 2007）。霍兰德对此表示，这份报告"非常浅薄、粗糙和无知。我知道在严肃的机器人领域里没有人会使用'机器人权利'这个短语。"（Henderson 2007）。夏基则认为，"机器意识和权利的概念是一种干扰，是一个神话故事。我们需要适当的全面的讨论，比如在未来若干年内即将到来的数百万家用机器人所造成的公共安全问题"（Henderson 2007，Marks 2007）。

所有人都认为这份报告是不充分的，或许必然如此，因为它本来就不是一份经过同行评议的科学研究，而是一篇旨在激发公众讨论的短文。然而，在这些批评的观点中有一些过度的引导。除了直接批评该报告及其不足之处外，受访者还将整个机器人权利主题描述为对需要完成的严肃工作的极大干扰，以至于任何严肃的研究人员都不会考虑这样的问题，更不用说大声说出来。平心而论，这些言论完全有可能是出于一种善意的努力，即试图将公众的注意力引向"真正的问题"，并且远离那些博人眼球的媒体炒作和未来主义猜测。这无疑是科学教育的重要且必要的目标之一。但即使我们承认这一点，这些评论也显示出对机器人权利问题及其在当前研究项目中的相对重要性（或缺乏重要性）的一种轻蔑的态度。就像温菲尔德 2007 年 2 月在一篇博客文章中所写的那样，采取一种更慎重、更少争议的方式，"权利问题"即使没有被忽视，也会被无限期地搁置或推向一个不确定的未来。

好吧，让我们现实点。我会认为机器人在未来 20 年至 50 年内享有（人类）权利吗？不，我不这么认为。或者换句话说，我认为这样的可能性很小，以至于可以忽略不计。为什么呢？因为从昆虫级别的机器人智能（或多或少和我们现在的水平相当）发展到人类级别的智能的技术挑战是如此巨大。那么我认为机器人将来会拥有权利吗？好吧，也许会吧。因为原则上我看不出为什么不会有。想象未来会存在有感知能力的机器人，其在艺术、哲学、数学上能够与人类充分对话；能够理解和表达观点的机器人；有希望或梦想的机器人。想想《星际迷航》中的 Data。我们完全可以想象，机器人足够聪明、雄辩、有说服力，能够为自己的观点辩护，但即便如此，我们也绝对没有理由认为，机器人的解放将是迅速的、直截了当的。毕竟现在普遍理解的人权是在 200 多年前确立的，但至今人权仍然没有得到普遍的尊重和支持。那么为什么机器人就能比人类更容易呢？（Winfield 2007）。

在这篇文章中，温菲尔德并没有否定机器人权利这个概念本身，而是直接讨论其如何实现。根据他的观点，在短期（20~50 年）内，这似乎是不可能的，或者至少希望是微乎其微的。但从长远来看，这可能是一件至少在原则上并非不可能的事情。然而，这种可能性是基于更具排他性的权利意志论（Will Theory of Rights）投射到遥远的假想未来得出的，即机器人将"足够聪明、雄辩、有说服力，能够为自己的观点辩护"。因此，关于机器人权利的问题并非"不可思议"，只是在这个特定的时间点不可能、不切实际，并且不值得为此付出努力。正如霍兰德在新闻发布会上扼要地指出的那样，"我认为讨论机器人权利真的为时过早了"（Randerson，2007）。

负责任机器人基金会针对欧洲议会最近向欧盟委员会提交的有关机器人和人工智能的建议（法律事务委员会 2016 Committee on Legal Affairs 2016）的官方回应中，也做了类似的论断："文件中的一些词语来自科幻小说，令人失望。机器人权利和机器人公民身份的概念实际上扰乱了这份文件真正的主旨，只会错误地吸引媒体的关注"（Sharkey 和 Fosch-Villaronga

2017）。同样，卢西亚诺·弗洛里迪（2017，4）认为，思考和谈论机器人"违背常理的权利归属"问题是对严肃的哲学工作的一种干扰。弗洛里迪（2017，4）写道："对这些问题胡思乱想或许很有趣，但对于我们手头更紧迫的问题来说，它也是一种干扰和不负责任。问题的关键不在于决定机器人是否有一天会成为一类人，而在于意识到我们被困在了错误的概念框架中。数字化正迫使我们重新思考对于新的行动者形式的解决方案。在这样做的同时，我们也必须牢记，这场讨论不是关乎机器人，而是关乎我们自己，关乎不得不与他们共存的人类自身，关乎我们想要创建的信息圈和社会。我们需要少一点科幻小说，多一些哲学。"根据弗洛里迪的说法，臆想机器人权利之类的事情可能是有趣的，但是这种玩票性质的思考会干扰我们去做真正需要的事情，这很可能是对应该用在更加严肃的哲学探索上的时间和精力的不负责任的浪费。

二、合理地排除

在其他情况下，机器人权利问题不会立即被嘲笑或驳回；它被给予了一些短暂的关注，但只是作为不需要深入思考的问题而被提及或小心地排除在外。迈克尔·安德森（Michael Anderson）、苏珊·莉·安德森（Susan Leigh Anderson）和克里斯·阿芒（Chris Armen）（2004）在开辟机器伦理这一新领域的议程设置论文中对此做了最好的阐释之一。对于安德森等人来说，机器伦理主要关注的是机器对人类的决策和行为的后果。因此，安德森等人立即将 ME 与两项相关的努力区分开来："过去关于技术与伦理关系的研究主要集中在人类对技术的负责任和不负责任的使用上，只有少数人对于人类应该如何对待机器这个问题感兴趣。"机器伦理被他们引入，并认为与另外两种思考技术与伦理之间关系的方式是不同的。第一个是计算机伦理（computer ethics），安德森和他的同伴对此睿智地指出，它主要关注的是人类通过计算机和相关信息系统的工具所采取的行动问题。与这些努力明显不同的是，机器伦理学试图通过思考机器的伦理地位和行为来扩大道德行动者的范围。正如迈克尔和苏珊（2007，15）在后续的出版物中所描述的那样，"我们认为，机器伦理学的最终目标是创造出遵循理想的或人为设定的道德伦理原则的机器。"另一个是排除涉及权利的状态，或者"人类应该如何对待机器"，这也不属于机器伦理的研究范围，迈克尔、苏珊和阿尔曼明确地把它排除在他们的研究视域之外。苏珊·莉·安德森（2008，480）在另一篇文章中写道，尽管"智能机器是否应该具有道德地位的问题"似乎"隐现在地平线上"，但机器伦理有意明确地把这个问题推向边缘，留给其他人来思考。在这里我们可以看到被边缘化的事物是如何出现的，它仅仅是被作为无需进一步思考的对象出现在文中。正如德里达（Derrida）（1982，65）所描述的，它似乎是通过追踪其被抹去的痕迹而出现的。这种被撒开或排除留在文中的残留物——在文中打上了被排除在外的标记——仍然是清晰可见的。

温德尔·瓦拉赫和科林·艾伦的《道德机器》（2009）中也有一个类似的论断，从他们选择"人工道德行动者"这个词作为他们分析的对象就可见一斑。这个词立刻将读者的注意力集中到责任问题上。尽管存在排他性的担忧，但是瓦拉赫和艾伦（2009，204-207）最终还是对权利问题做了简要的思考。他们认为，将法律责任的概念扩展到人工道德行动者身上是不言而喻的："在确定智能系统对其行为负有法律责任方面是否存在障碍的问题已经引起了一小部分学者的关注，并且这些学者的人数正在不断壮大。同时，他们普遍认为，现行法律可以适应智能机器人的出现。当前已经存在大量的法律规范将法律人格（legal personhood）赋予非人类的实体（如公司）的实例。如果机器人被认定为是需要负责任的行动者，那么无需对法律进行根本性的修改，只需将法人的地位扩大到拥有更高级别能力的机器上即可"（Wallach 和 Allen 2009，204）。根据瓦拉赫和艾伦的估计，关于人工道德主体的法律地位的决定不应该成为什么重大问题。他们认为，大多数学者都已经认识到这样做是可预期的，并且已经在现有的法律和司法实践中有了合适的先例，特别是与公司有关的情形。

在他们看来，问题在于法律责任的另一面——权利问题。瓦拉赫和艾伦继续说道，"从法律的角度来看，更为棘手的问题是涉及赋予智能系统权利的问题。如果或一旦未来的人工道德行动者获得任何形式的法律地位，届时它们的法律权利（legal rights）问题也将随之产生"（Wallach 和 Allen 2009，204）。尽管他们注意到了这个问题的可能性和重要性，至少用法律术语做了描述，但他们并没有对其可能产生的后果进一步讨论下去。

事实上，他们提到它只是为了更好地转移到另一个问题的讨论上——被作为一种调查的契机："对于工程师和监管者而言，无论人格法律上的来龙去脉是否厘清，更为直接和实际的需求是评估人工道德行动者的表现"（Wallach 和 Allen 2009，206）。因此，瓦拉赫和艾伦在总结道德机器时，不经意地向思考机器人权利的方向指了一指，随后又将问题拉回到主体和行为的评估上。于是，他们就这样以简单的方式讨论了一下权利的问题，但很快就回避了它所带来的复杂性，即必须解决"人格法律上的来龙去脉"这一持久的哲学问题。虽然没有对机器人的权利问题缄默，但瓦拉赫和艾伦也像安德森等人一样，只是为了排除或推迟对这个问题的进一步思考。

在其他情况下，这种排除甚至没有明确的标记或说明，而只是简单地声明和公布。例如，欧洲《机器人伦理路线图》（Veruggio 2006）对机器人的社会地位和权利问题没有任何表述（甚至都没有负面的排除）。正如文玉焕（Yueh-Hsuan Weng）、陈镇宪（Chien-Hsun Chen）以及孙纯泰（Chuen-Tsai Sun ）（2009，270）的报告所说，"《机器人伦理路线图》不考虑与机器人意识、自由意志和情感相关的潜在问题"，而是采取了完全以人类为中心的态度。因此，《机器人伦理路线图》追求的似乎是一种相当合理的路径。该报告的范围限于未来十年，因此，该报告的作者排除了关于未来机器人能力成就的更多猜测性的问题。虽然机器人的权利在原则上是可以考虑的，但在实践中，由于会给调查带来现实的阻碍，所以它被排除在讨论之外。

就研究范围而言，我们已经考虑了——从与机器人学相关的伦理问题的角度出发——在十年内我们可以合理地界定和推断的——依托于当前机器人学最先进技术的基础上的——这一领域的某些可预见的发展。出于这个原因，我们认为——仅仅暗示了——思考机器人可能出现的人类所固有的问题为时过早：比如意识、自由意志、自我意识、尊严感、情感，等等。因此，这就是为什么我们没有讨论这些问题——像文学作品中讨论的那样——比如需要把机器人当作我们的奴隶，或者向他们保证我们将给它们我们对待人类工人一样的尊重、权利和尊严（Veruggio 2006，7）。

在这份文件中，权利问题作为一个不成熟的问题被刻意放在了一边，因为它需要建立在机器人技术的巨大进步之上（即意识、自由意志、情感，等等），而这些仍然是属于未来主义的、充满争议的，并且超出了研究圈定的十年的机遇之期。

毫不奇怪，詹马尔科·维鲁吉奥（《欧洲机器人伦理路线图》项目的协调者）和菲奥雷拉·奥佩尔多（Fiorella Operto）在之后出版的《斯普林格机器人学手册》中提出了一个类似的听起来不错的观点：

就研究范围而言，我们已经预想到——从与机器人学相关的伦理问题的角度出发——在二十年内我们可以合理地界定和推断的——依托于当前机器人学最先进技术的基础上的——这一领域的某些可预见的发展。出于这个原因，我们认为——仅仅暗示了——思考机器人可能出现的人类所固有的问题为时过早：比如意识、自由意志、自我意识、尊严感、情感，等等。因此，这就是为什么我们没有讨论这些问题——像其他一些论文和文章讨论的那样——比如提议禁止像对待奴隶那样对待机器人，或者向机器人保证我们将给它们我们对待人类工人一样的尊重、权利和尊严此类的问题。同样，出于这个原因，机器人伦理学的目标不是针对机器人和它的人工伦理（artificial ethics），而是针对机器人的设计者、制造商和用户的人类伦理（human ethics）。尽管一些文章认为，将一些伦理价值嵌入机器人做出的决定中是必要的和可能的，以及未来的机器人可能像——如果不是更像——人类一样也是伦理主体，但是作者仍然选择研究与机器人的设计、制造和使用相关的人类的伦理问题（Veruggio 和 Operto 2008，1501）。

在这里，维鲁吉奥（他最初引入并定义了机器人伦理学项目）和奥佩尔多（Operto）将思考的范围限定在未来 20 年，因此，他们明确地排除和推迟了机器人作为独立行动者和受动者的任何情形，并将注意力集中在对计算机伦理的阐述上，即人类在设计、制造和使用机器人时遇到的伦理问题。

迈克尔·纳根博格（Michael Nagenborg）等人在对全欧洲的机器人监管问题的关键性调查中也发布了一个类似的面向未来的放弃声明（disclaimer）。在报告中，作者考虑了许多关于"责任和自主机器人"的问题，但他们认为权利问题与调查内容无关："因此在本文中，我们认为人工实体既不是人，也不是个人权利的承载者，更不用说公民权利了。但这并不意味着在法律和伦理方面我们不能给予机器人一个特殊的地位，也不意味着原则上可以排除人造人（artificial persons）的发展。然而，就目前和不远的未来而言，我们认为没有必要对我们的法制观念做出根本性的改变。因此，我们选择以人类为中心的态度"（Nagenborg 等 2008，350）。纳根博格等人可以安全地、合理地做出这个假设，他们承认并将其视为一个"假设"，因为人们普遍认为机器人不是"个人权利的承载者，更不用说公民权利了"（2008，350）。同时，作者们又指出，这可能会在未来的某个时刻发生变化，与温菲尔德（2007）的观点不同的是，这种变化可以通过利益论来实现，只要我们决定"赋予……特殊地位给机器人。"但这个未来是如此遥远，以至于在这个特定的时刻，它甚至都不值得认真考虑。

在其他情况下，这种排除并非有意推延的结果，而是包容手段的产物。例如，在法律方面，我们决定将机器人纳入法律之中，但是这种纳入模式与另一个处境相似的实体是如何的不同，以至于"机器人权利"问题被有效地阻断在外。正如冈瑟·托伊布纳（Gunther Teubner）（2006，521）所言：

法律正在为诸如动物和电子人（electronic agents）等新的法律角色开放。然而，结果的差异是令人震惊的……动物权利和类似的权利结构都是在创造一种基本的防御性制度。不同的是，他们将动物纳入人类社会是为了防止人类社会对动物的破坏性倾向。旧的自然社会统治模式被新的自然社会契约模式所取代。但对于电子人而言，事实则正好相反。特别是在经济和技术背景下，电子人的法律人格化，将创造作为基本生产单元的激进的新行为中心。在这里，它们融入社会并不是为了保护新角色——恰恰相反，社会需要保护自己免受新角色的伤害。

机器人和动物都可以被认为是人类社会制度，尤其是法律制度的"被排斥的他者"（the excluded other）。然而，这两个先前被边缘化的实体被纳入法律的方式截然不同。动物——至少是某些种类的动物——现在拥有法律承认的权利，以保护这些脆弱的实体的福利和利益免受"人类社会的破坏性倾向"的侵害。"机器人"，或者是托伊布纳所说的"电子人"（这已经是区别的标志了，因为动物并没有被描述为"行动者"，而是占据了"受动者"的位置），却是因为相反的原因才被纳入了法律问题中。法律上规制机器人的目的不是为了保护机器人的权利不受人类的剥削和虐待，而是为了保护人类社会不受机器人决策和行为的潜在的灾难性伤害。动物可以拥有权利；机器人只能负担责任。因此，这并不是说机器人被简单地排除在法律之外，而是说把它们纳入法律的这种方式已经使得其权利问题的讨论失去了可操作性，并变得不可思议。

三、形式上的边缘化

在另外一些情形，机器人权利问题本身并没有被排除，而是被推到适当考虑的边缘。边缘的东西能够被注意到并给予一些关注，但它被有意打上位于公认的真正重要和有研究价值的内容边缘的标记。从温德尔·瓦拉赫和彼得·阿萨罗（Peter Asaro）（2017）就机器人与机器伦理方面收集的基础文献中就可以看出"权利问题"的边缘地位（marginal position），或者至少是非核心位置（peripheral status）。他们主编的这本书收录了35篇文章，都是经过"谨慎地挑选的在当前或将要进行的讨论中占据重要地位的"，且旨在"指明核心问题的发展方向"的文章（Wallach 和 Asaro 2017，xii），其中只有一篇文章讨论了权利的问题，并且是最后一篇。这篇文章在文中章节顺序中的位置，以及编辑提供的介绍性说明，都将对机器人权利的探究作为一种面向未来的结语：

也许机器人伦理学中最具未来主义和争议性的问题是，机器人是否有一天会有资格或能力成为权利的承受者，那么它们应该基于什么标准获得这些权利？贡克尔（2014）为机器人值得赋予一个享有权利的合法的、道德的地位这一观点进行了辩护，并对当前评估哪些实体（法人、动物等）值得拥有道德地位的标准提出了质疑。这些未来主义的法律问题反应出目前人工行动者被法学理论家们当作一种思想实验的工具，以及一种反思法律主体和权利本质的工具（Wallach和 Asaro，2017，12）。

在指出这一点时，我并没有在抱怨。温德尔·瓦拉赫和皮特·阿萨罗能够将这篇文章收录到书中，对我来说既是一种荣耀，又是一种特权。但它被纳入的方式——即事实上它是唯一一篇论述机器人权利问题的文章，而且它"处于故事的结尾"——表明了"权利问题"在机器人和机器伦理的文献中属于并仍然是一种边缘化的事后思考。

这种形式上的边缘化在帕特里克·林等人主编的两版《机器人伦理》中也很明显。在第一版的《机器人伦理》（Lin，Abney 和 Bekey 2012）中，关于机器人权利的问题在书的最后一节"第七　权利和伦理"中被明确地提到。这部分由罗布·斯帕罗（Rob Sparrow）（2012）、凯文·沃里克（Kevin Warwick）（2012）和安东尼·比弗斯（Anthony F. Beavers）（2012）的三篇文章组成，文章介绍如下：

前面第 18 章对机器人奴役的伦理问题进行了探究：在道德上是否允许对机器人进行奴役，有时被称为"机器人奴隶"（robot slavery）？但是把这种奴役称为"奴隶"（slavery），如果不是严重的误导，那也是不恰当的，如果机器人没有自己的意志的话——如果它们缺乏我们所认为的与道德人格和道德权利联系的那种自由。然而，机器人是否有朝一日能获得成为权利主体所需要的东西？究竟是什么使地球上的人类（而不是其他生物）有资格享有权利？在可预见的将来，机器人会需要他们自己的"奴隶解放宣言"（Emancipation Proclamation）吗？（Lin，Abney 和 Bekey 2012，299）

与瓦拉赫和阿萨罗一样，林等人通过考虑一系列在可预见的未来可能出现的问题来总结机器人权利（第一版的《机器人伦理》）的问题。尽管不是机器人伦理学目前关注的中心话题，但"机器人权利"作为文章的最后一部分被添加进来，可以看作是为可能研究的"未来方向"（future directions）提供的一种指示："因此，在研究了与编程伦理、机器人应用程序的特定领域相关的问题之后，本书的第七部分将注意力又回到了更广阔、更遥远的未来可能出现的与机器人相关的问题上。"（Lin，Abney 和 Bekey 2012，300）但在该书的第二版《机器人伦理 2.0》（Lin，Jenkins 和 Abney 2017）中，这样的论述几乎没有。在这本有着"重大更新"、被称为机器人伦理"第二代"的书中，那些原本第一版中被边缘化的东西——这种"边缘"

（marginal）是因为它被作为一种遥远的可能性出现在书的最后一部分——现在被完全从书中剔除出去了。[①] 这一极不寻常的缺失——缺少一件曾经存在的东西——只能通过追踪它的痕迹（Derrida 1982，65）来识别，也就是说，以前曾经存在过的某种东西的消失，为现在的缺失留下了可以追踪的痕迹和线索。[②]

四、例外的证明规则

最后还有一些值得注意的例外。但这些例外往往证明了这一规律。1985 年，小罗伯特·弗雷塔斯（Robert A. Freitas Jr.）在《实习律师》杂志上发表了一篇颇具先见之明的文章。尽管这篇短文被认为是最早提出"机器权利"（machine rights）和"机器人解放"（robot liberation）问题的文章之一（Freitas 1985，54），但在过去的 35 年里，这篇短文被引用的次数不

---

①　当然，有人可能会反对这种解释，认为这种解释仅仅是出于编辑的迫切需要。当我问帕特里克·林（通过个人电子邮件，2017，8）此事时，他对于两个版本的《机器人伦理》的差异提出了两种解释：（1）"我不会过分解读我们所说的部分——并不追踪任何认知趋势或划定我们感兴趣的领域。"（2）"本书确实在几章中涉及了权利的问题……只是用不同的方式把它们更有意义地组织起来。"然而，如果你在第二版中检索"权利"这个词，你会发现只有一篇文章在引言中对机器人的权利进行了简要的思考（Darling，2017）。至于其他与权利相关的问题则集中在个人和社会的权利上面。就连斯帕罗（2012）在第一版中提出的对机器人人格的思考，现在也仅限于机器人责任问题（White 和 Baum，2017，70）。

②　这种实用的逻辑已经在柏拉图的《蒂迈欧篇》中得到了阐述。对话以点名开始，苏格拉底通过数数的方式来说明谁在场（或不在场）："一，二，三——亲爱的蒂迈欧（Timaeus），我们昨天有四位客人，这第四位今天去哪里了？"（Plato，1981，17）。苏格拉底数了坐在他面前的人数，指出参加前一天的讨论（大概出现在《理想国》中，因为《蒂迈欧篇》是其续篇）的人数与参加今天讨论的人数不一样。在比较昨天和今天的过程中，苏格拉底指出有人缺席。有人错过了，有人本该在那里但现在不在。这种缺席，或没有出席，是一种客观存在，并在某人不在这个地方时才能发生。因此，《蒂迈欧篇》中"缺席的第四人"是可以得知的，而且只有在考虑到这种前后差异时才能出现。那个本应该在场的人的缺席只有通过这种退出的痕迹显现。

到 20 次。这其中的原因可能是这本杂志的学术地位较低（或缺乏），因为它并不是同行评议研究的主要场所，而是美国律师协会（American Bar Association）学生部出版的一本杂志；文章同时引用三个不同的标题带来了混乱[①]。它实际上不是一篇文章，而是一个"尾注"（end note）或结语（epilogue）；或者仅仅是时机的原因，因为弗雷塔斯提出的问题要早于机器人伦理学，甚至那时人们对计算机伦理学都没有广泛的接受。无论如何，这个关于机器人权利问题的最初努力一直处于而且仍然处于学术的边缘，占据着一个形式上的尾注（endnote）的位置。

另一个值得注意的例外是布莱·惠特比（Blay Whitby）在 2008 年发表的文章《有时候做一个机器人很难——关于虐待人工行动者引发的伦理问题的呼吁》。虽然惠特比的文章没有提及机器人权利的问题（"权利"一词在他的文章中没有出现），但他担心的是机器人被虐待的可能性。[②] 惠特比（2008，

---

　　① 弗雷塔斯的文章有三个不同的标题。《实习律师》杂志上刊登的"尾注"最初的标题是"正义之轮能否为我们在机械王国的朋友们带来转机？别笑"。然而，这篇文章在期刊目录上列出的标题却是另外一个："当 R2-D2 需要一位律师时——记住，你最先在这里看到"。此外，该文章随后的存档版本还有第三个名称："机器人的法律权利"。为了引用的便利，通常会使用第三个标题。

　　② 对"虐待"的关注可能是惠特比文章最初发表的产物。这一期特刊关注计算机和交互问题，专门用以探讨"社交行动者的虐待和滥用"。尽管"虐待"一词可能会让一些读者困惑，但由于这个词可能被认为过于拟人化并且不适用于技术对象，故而编辑在引言中做了解释和说明：

　　我们认识到，由于其隐喻含义，这一特刊的标题"社交主体的虐待和滥用"可能会让一些读者烦恼或失望。显然，当虐待这个词被定义为故意造成痛苦时，那么它就不能用于无生命的物体，因为它们无法识别、体验或理解痛苦……虽然我们同意上述说法，但我们确实认为社交主体的隐喻本身往往会将技术推向一个无法规避虐待可能性的水平。如果说当用户遵守礼仪的社会规则去回应对话代理（conversational agent）是礼貌的，那么为什么不能同样认为，当用户使用一些适用于人类身上会被视为是虐待的语言去回应对话代理是一种虐待呢？（Brahnam 和 De Angeli 2008，288）。

326）解释道："这是对即将广泛使用的机器人引发的伦理问题（尤其是在家庭环境中）正式讨论的号召。研究表明，人类有时会对计算机和机器人进行虐待，尤其是当他们被看作是类人（human-like）的时候，这就引发了重要的伦理问题。"惠特比的态度是温和的。他只是试图公开这个问题，并就未来机器人被虐待可能带来的伦理后果展开讨论。因此，在经过深思熟虑的设计之后，他并没有打算提出任何实际的解决方案或答案，这也正是他受到廷布尔比（Thimbleby）（2008）批评的地方。他只是试图开启这个讨论，以努力思考这些潜在的问题。但是，即使提出这个问题——甚至是要求机器人学家、伦理学家和法律学者着手思考虐待机器人的问题，并开始设计道德标准，以应对这些潜在的并发症——也会被认为是不成熟的和不必要的。正如廷布尔比（Thimbleby）（2008，341）写的那样（十分尖锐地）：

　　惠特比并没有让读者信服机器人主义（robotism）不同于其他任何以技术为导向的伦理学。他并没有提供有说服力的或感染力的案例研究，例如，在其他技术伦理问题讨论中经常出现的"杀人的不是枪，而是拿枪的人"这类例子。这位作者没有分享他对"虐待"（abuse）的感性解读。机器人不是小猫。机器人易于制造和批量生产，至少目前没有任何理由，来为惠特比这个充满感性的标题来正名——"有时候做一个机器人很难……"（哦，我已经为他们感到难过了）。我想，如果机器人知道"难"是什么意思，那么它们也会说，成为一个机器人很容易……总之，我们应该清楚地认识到，我们不应该赞同惠特比的观点：没有必要定义机器人主义（robotism）或机器人的任何伦理道德。但是由于没有什么是必然的，我们应该以谨慎的态度来结束关于机器人伦理的讨论：在机器人自己开始提出要求之前，不必紧张。

应该指出的是，廷布尔比并非简单地（toutcourt【法】）排除了所有关于机器人权利的思考，而是谨慎地认识到，如果这个可以说是荒谬的想法在未来的某个时候成为可能，那么它只能在权利意志论中发挥作用。机器人本身也会这样主张。因此，惠特比和廷布尔比的立场最终是基于两种不同的权利理论。惠特比基于利益论，主张应当考虑虐待机器人带来的问题和后果，而不用考虑机器人是否有能力（或没有）要求不被虐待。廷布尔比则采用了意志论的观点，认为在机器人能够要求人类考虑或尊重它们之前，我们根本不需要担心这些问题。类似的观点也来自基思·阿布尼（Keith Abney）（2012，40），他以意志论的专属特权为基础，得出如下结论："我们可以有把握地说，在可预见的将来，机器人不会拥有权利。"最后，尽管惠特比的文章在文献中被引用了不到 40 次，但它的主要建议，即我们讨论机器人虐待问题并考虑对人工制品进行法律 / 道德保护问题，仅仅在后来出版的文章中被解决了其中的一小部分内容（Riek 等 2009，Coeckelbergh 2010、2011 和 Dix 2017）。

另一个似乎值得注意的例外是阿兰·本苏桑和杰里米·本苏桑的《机器人法》，这两位作者是致力于界定机器人法这个新兴领域的律师。然而，法语单词"droit/droits"的翻译有些棘手，既可以翻译为"law（法律）"，也可以翻译为"right"

（权利）。"Droit"的单数形式，无论是否带有定冠词（如"le Droit"），通常都被翻译为"law"（法律），例如，"le Droit penal"就等于"the penal law"（刑法）。复数形式的"Droits"，特别是当它与定冠词一起使用时（如"les Droits"），通常被翻译为"rights"（权利），就像"UN's La Déclaration universelle des droits de l'homme"被翻译为"联合国《世界人权宣言》"（The Universal Declaration of Human Rights）一样。然而这种一词多义的现象，使得"法律"（law）和"权利"（right）的选择往往取决于上下文的语境。

例如，阿兰和杰里米这本书的标题将被翻译成"机器人法"（Robot Law）而不是"机器人权利"（Right of Robots）。这一翻译与原文内容一致并得到验证，书中试图构建一个新的框架来应对机器人的法律挑战和机遇。然而，在他们的论证过程中，阿兰和杰里米写了由十篇文章组成的一章，称之为"La Chartes Des Droits Des Robots"（机器人权利宪章）。在这种语境下，"Droits"这个词有可能翻译成"法律""权利"或两者兼具，因为该章的内容不仅涉及制造、应用和使用机器人的法律责任，而且还规定了机器人的法律地位："第 2 条—机器人：机器人是被赋予法律人格——机器人人格（the robot personality）——的人造实体。机器人拥有姓名、身份证号码、身份和法定代理人，其可能是自然人或法人"（Bensoussan 和 Bensoussan 2015，219段；作者自己的翻译）。通过这一条，阿兰和杰里米承认机器人是一种新的法律主体，就像公司一样。他们认为这是必要的，为了应对机器人给当前法律体系带来的独一无二的社会和法律挑战。换句话说，与绝大多数英语语系的研究人员、学者和批评家不同，阿兰和杰里米认识到，在不考虑赋予法律调整的实体以法律主体地位和权利（les droits）的情况下，我们很难制定适用于机器人的法律（droits）。[①] 与此同时，他们认为机器人最重要的一项合法权利是拥有隐私权。对此，第 3 条规定："机器人储存的个人数据受《数据保护和自由条例》的调整。机器人在其个人数据保护的范围内享有尊严，有受到尊重的权利"（Bensoussan 和 Bensoussan 2015，219 段；作者自己的翻译）。

然而，应该指出的是，对机器人进行法律保护的动机和目的从根本上来说是为了保护人类使用者。以下是阿兰·本苏桑在 2014 年接受采访时的解释：

> 这既是义务问题，又是权利问题。比如隐私权。事实上，机器人在与老人交互的过程中，或者在与自闭症儿童一起"工作"的过程中，可以获取有关他们健康和隐私的信息。例如，这个机器人可以告诉一位患有老年痴呆症的人"您孙子的生日快到了"，或者告诉一名患有自闭症的孩子"你哥哥来了"，或者告诉一位老人"您的孙女来了"。这种隐私必须通过保护机器人的数据记忆来保护（Bensoussan 2014，13；作者自己的翻译）。

因此，阿兰和杰里米认识到明确规定机器人的社会和法律地位的重要性，并对机器人法律（droit des robots）和机器人权

---

① 虽然阿兰·本苏桑和杰里米·本苏桑没有把这个权利融入霍菲尔德权利中去，但它很有可能像上文所讨论的财产权一样，是由第一性质和第二性质的权利组合构成的权利。

利（les droits des robots）的问题做了延伸思考，至少提出了一项具体的主张，即隐私权。尽管他们承诺要思考和解决机器人权利的问题，但是阿兰和杰里米的《机器人法》仍然受到人类中心主义的观点和参考框架的限制。机器人将需要并拥有的一项权利——隐私权——其目的并不是为了保护机器人，而是为了保护与机器人交互的人类，因此，它是一种思考其他人权利的间接的、工具主义的方式，因此，机器人权利并非不可思议，只是相关的思考要受到属于其人类使用者的权利的限制和约束。

第 4 节　结语

机器人权利研究的机遇与挑战因语言和概念上的困难而变得复杂。从语言学角度讲，"机器人"一词有着广泛不同和不能完全涵盖的定义、特征和理解。就像"动物"这个词一样，德里达（2008，32）发现它既引人注目又令人惊叹——"动物，就这么一个词！"——"机器人"这个词也是一个相当不确定和模糊的符号（signifier），在不同的文本、研究报告和调查工作中存在各种不同的观点和概念。因此，它从一开始就是"词汇追问"和"语言探索"（Derrida 2008，33）。即使是最普遍的、似乎没有争议的描述——感知—思考—行为范式——仍然不足以捕捉和 / 或解读存在于目前全部文献中所使用的概念的不确定性和复杂性。这些"文献"，不仅包括学术、技术和商业出版物，而且包括几十年来的科幻小说（如短篇小说、中篇小说、长篇小说和漫画）、舞台剧和表演，以及其他形式的媒体（如广播、电影和电视）；这些特殊的文献已经决定了被叫作"机器人"的东西的许多方面——或者更准确地说，这些不同的、有差异的人工制品已经被指定或识别为"机器人"——远远领先于科学和工程领域的努力。对此，我们决定不做出通常的明确的定义，而是关注并学着对这种多义性负责。这意味着我们不会采取一种"被证明行之有效"的方式来定义术语，并做出一个类似于"在这项研究中，我们理解的'机器人'是……"的声明，而是要努力去解释、容忍，甚至促进这种语义的多样性和多变性。因此，"机器人"这个词将作为一种半自主的语言学上的人工制品来发挥作用，它总是并且已经游弋于我们监督和控制的边缘，因此摆在我们面前的任务不是在调查之前就去限制可能的机会，而是要尽量解读"机器人"这个词发挥作用时可能具有的全部意义。

另一个不同但不一定无关的词语问题发生在"权利"一词上。与"机器人"不同，"权利"一词确实有相当严谨和正式的描述。霍菲尔德式权利将权利一词分解为四个截然不同但又相互关联的类型：特权、要求、权力和豁免。正如韦纳（2005，2015）所指出的，对于大多数伦理哲学家和法学家来说，这四个类型——要么是单独，要么是组合在一起——通常被认为是对"权利"一词的完整表述和解释。复杂之处在于决定谁或什么可以或应该在这四种权利类型中分得一杯羹。换句话说，谁或什么可以享有权利？正如我们所看到的，解决这个问题有两种相互竞争的理论：利益论和意志论。后者设置了一个相当高的标准，要求权利主体必须拥有资格和（或）能力并能自己去自行主张需要他人尊重的特权、要求、权力和（或）豁免。而前者则规定了一个低得多的门槛，以权利身上代表的利益来决定其是否享有权利。

　　理论选择有很大的不同。例如，在意志论的观点下，对于动物或者环境来说，享有这四种权利类型中的任何一种都是几乎不可能的，因为它们缺乏"λόγος"——这个极具影响力的古希腊语单词，可以翻译成"说话""语言""逻辑""理性"——和清晰表达并主张自己权利的能力。然而，利益论却并非如此。边沁（2005，283）认为，关键问题不是"他们能说话吗？"而是"他们能感知痛苦吗？"这是另一种路径，[①]即采取完全不同的方式来决定谁有权利，谁没有权利。但这两种理论的决定本身就已经是一种伦理判断，因为它已经在谁可以成为道德主体与什么仅仅是存在于道德关注范围之外的客体的区分过程中做了决定性的切割。这种原始的道德决定（proto-moral determination）——"道德决定之前的道德决定"（moral decision before moral decision）或"伦理中的伦理"（ethics of ethics）——将一直是研究的中心。最终，因为这两个相反的权利理论的争议和讨论尚未解决，因此我们需要采用一种被齐泽克称之为"视差之见"（the parallax view）的策略，它是一种感知和思考从一个理论视角转向另一个理论视角的差异的方

---

　　① 德里达（2008，27）认为，这种能否感知痛苦的提问正好有着"改变关于动物问题形式的影响"："这样的提问将不用去知晓动物是否属于具有理性的生物（zoon logon echon）[ζῷον λόγον ἔχον]，是否具有罗格斯（logos）[λόγος] 的能力（capacity）和属性（attribute）带来的说话和推理能力，能否拥有罗格斯，又是否拥有罗格斯的资质（罗格斯中心主义的首要命题就是关于动物，认为动物被剥夺了拥有罗格斯的能力：从亚里士多德到海德格尔、从笛卡儿（Descartes）到康德、列维纳斯和拉康，都将其作为基本的论题、立场或推定）。首要的也是决定性的问题是去判断动物是否会感知痛苦"（Derrida 2008，27）。要了解更多关于其他人道德立场的转变，请参阅最后一章和贡克尔（2012）的著述。

式。① 因此，重要的不是从一开始就坚持和选择有关权利的"权利理论"，而是形成一种能力，能够指出并识别出是哪种理论在起作用，特别是在涉及机器人权利的情况下，以及这些理论框架是如何以截然不同的方式来回应"机器人能否和应该享有权利？"这个问题的。

"机器人"和"权利"这两个词已经够复杂了，但一旦把这两个词放在一起，你就会产生某种过敏反应。对于许多理论家和实践者来说，"机器人权利"简直不可思议，这意味着它要么无法被人们思考，因为这个概念违背了常识或良好的科学推理；要么作为一种不应该思考的东西被有意回避——就像某些被认为是禁止的思想或亵渎神明的东西，如果对其研究就会打开潘多拉魔盒，因此必须被抑制（suppressed）或压制（repressed）（这里使用了常见的心理分析术语）。不管出于什么原因，这都是一种深思熟虑的决定，大家一致努力不去思考机器人权利的问题——或者至少不把它当作一个严肃的问题去思考。思考机器人权利的想法也被公开嘲讽为荒谬可笑的，它被作为一种从事毫无意义的投机活动而被提及，其效果是分散人们对于需要完成的真正严肃工作的注意力；或者这个主题被搁置到一旁和被边缘化，作为一种在未来可能会引起人们兴趣的东西放在文章的附录或侧边栏，但是（至少现在）并不需要真正的认真关注。然而，这也正是我们为什么必须去思考这种不

---

① 与视觉相关的词汇和术语的使用既不是偶然的，又不是单单的隐喻。正如我们经常想到的，英语单词"理论"（theory），来源于古希腊语"θεωρία"[theōría]，指思考的行为和看待事物的方式。因此，一种理论，就像照相机的镜框一样，总是能通过镜头将一些事物容纳进来从而使其能够被看见，但它也必然会排除镜框边缘之外的其他事物。

可思议的问题的原因——去挑战这些声明、假设以及所谓的正统观念（orthodoxies），这至少有两个原因。

首先，任何这种武断的声明都应该让我们感到不安和怀疑。这种仅仅把"机器人"和"权利"这两个词联系起来的想法就认为是"不可思议"的事实应该暂且放在一边，并由此转向一些批判性的议题，比如：谁说的？谁能提前决定我们能想什么或不能想什么？或许更能说明问题的是，什么样的价值观和假设正在通过这种阻拦和禁止得到保护？正如芭芭拉·约翰松（1981，xv）提醒我们的那样，批判性思维的任务是从看似显而易见、不言自明和平平无奇的东西中进行反向解读，去探究这些事物所经历的能够使其成为可能的历史进程以及从中能汲取何种有益的经验。当一个想法，像机器人权利一样，被直接宣布为不可思议时，这也显示了在面对和思考不可思议的困难但必要的任务时批判哲学的必要性。

其次，挑战排他性和禁止性是合乎伦理道德的事情。伦理道德总是通过做出排他性的决定来运行。它不可避免地要选择赢家和输家，并决定了谁是伦理道德共同体内的人，以及谁是外部的或非核心圈的人（Gunkel 2014 和 Coeckelbergh 2012）。但是我们的道德理论和实践是通过挑战这些例外和限制来发展和演变的。因此，伦理道德的进步是通过批判性质疑自己的排他性，并最终接纳许多之前被排除或被边缘化的他者而实现的——比如女人、有色人种、动物、环境等。苏珊·莉·安德森（2008，480）认为，"在美国历史上，越来越多的人逐渐被赋予和其他人拥有一样的权利，因此我们的社会变得更加具伦理性。"但是正如斯通（1974，6）所指出的那样，伦理道德的进步是困难的，因为任何权利的拓展——任何将伦理要素拓展到先前被排除在外的人群的努力——总是"有点不可思议"。换句话说，"每当有运动主张把权利赋予一些新的'实体'，这样的建议听起来必然是古怪的、可怕的以及可笑的"（Stone 1974，7）。因此，道德和法律哲学的任务，不是（也不能是）仅仅通过这种方式来维护现有的正统观念，即在面临替代选择时就惊慌失措，面对容纳他者的可能性时就满腔愤怒，并且以一种轻蔑的态度来嘲笑这些挑战，相反，它的任务是或者至少应该是，对现有道德立场和思维模式的局限性和排除性进行压力测试和质疑。捍卫正统属于宗教和意识形态的范畴，在面对新的挑战和机遇时，批判性地检验假设并保持开放的态度来修正我们对世界的看法是科学的任务。哲学——尤其是道德哲学——的宗旨总是在追问：什么是不曾被思考过的东西？什么是被批判回避为不可思议的东西？接下来的章节将对曾经被认为是不可思议的"机器人权利"这一问题进行论述。

第 2 章
!S1 → !S2 机器人不能拥有权利，故机器人不应当拥有权利

　　围绕"是""应"关系的四种情态中，第一种情态通过否定 S1 推断出 S2，即机器人不能拥有权利（或者说，机器人不是这样一种能成为特权、要求、权力或豁免等权利拥有者的实体），所以机器人不应当拥有权利。这一论断听上去符合人们的主观感受，让人觉得准确无误，因为它基于这样一个看似无可辩驳的本体论事实：机器人不过是我们设计、制造和使用的技术性人工制品。一个机器人无论其设计或操作程序多么复杂，都和烤面包机、电视机、冰箱、汽车等人工制品没什么两样，不具备任何独立的道德地位或法律地位方面的要求权，我们没有任何理由感到或应当感到亏欠它们什么。约翰内斯·马克思（Johannes Marx）和克里斯蒂娜·蒂芬西（Christine Tiefensee）（2015, 83）描述得很准确："机器人不过是我们设计来实现某种功能的机器或工具，它们没有兴趣爱好，没有欲望；它们不会选择，

不会实现什么人生规划；它们不会解释世界、与世界互动或了解世界；它们不会基于自我设定的目标和对周围环境的理解来自主决策。它们只会执行一项预装的程序。简言之，机器人是一台无生命的自动机器，而非自主的行动者，因此它们甚至连具有道德地位的物品都不是。"

第 1 节　对技术的默认理解

有一个与技术相关的问题，人们常常会给出一个"默认答案"，上述看似正确的思路就源于这个答案。海德格尔（1977，4-5）这么写道："关于技术，我们会问：它是什么？人人都知道回答这个问题的两条表述：（1）技术是实现目标的手段；（2）技术是一种人类活动。关于技术的这两种界定其实是一个整体，因为设定目标、获取并使用达成目标的手段就是一种人类活动。设备、工具、机器的制造和使用，被制造和使用的物品本身，以及它们为之服务的人类的需求与目标，通通都属于'技术是什么'这一范畴。"按照海德格尔的说法，任何一种技术，无论是简单的手工工具，还是像烤面包机一类的厨房用具，抑或是喷气式飞机和机器人，都是人类用来实现特定目标的手段，这就是它们的作用与功能。海德格尔把对技术的这种界定称为"工具性定义"（instrumental definition），并暗示这是对任何技术发明的"正确"理解。

安德鲁·芬伯格（Andrew Feenberg）（1991，5）这样总结道："技术是工具的观点得到最为广泛的认可，它基于这样一种常识性观念：技术是一种随时准备为达到使用者目的而服务的'工具'"。工具"被看作是'中性的'，自身不具备价值型内容"（Feenberg 1991，5），因此，对技术性人工制品的评价不是基于它自身，而是基于人类设计者或使用者决定如何使用它。所以说，技术只是实现目标的工具，它自身既不是目标也不拥有目标。琼 - 弗朗索瓦·利奥塔尔（Jean-François Lyotard）（1984，33）指出："技术装置的存在源于为人类提供器官假体或生理系统，由它接收数据或适应环境。（对）技术装置（的设计、制造）遵循一个原则——最佳性能原则，即输出（包括获取的信息或得到的矫正）最大化、输入（即使用过程中耗费的能量）最小化。因此技术发明不是一场关于真理、正义和美的竞赛，而是一场关于效率的竞赛——性能更佳、耗能更少的技术发明才是'好'发明。"利奥塔尔首先肯定了人们传统上对技术的理解，即技术是工具，是假体，是人类能力的延伸。基于这一"事实"（他的描述就给人这样的印象——这是一个不容置疑的"事实"），他继而解释了技术设备在认识论、伦理学和美学中应当具有的地位。在他看来，无论是开瓶器、烤面包机、计算机还是其他技术装置，其自身都不会涉及真理、正义和美这些宏大的话题，技术只是关乎效率问题，这一点不容辩驳，一项技术发明当且仅当被证明比其他技术发明更有效地实现目标时才能被视为"好"。其他人在对技术进行批判性思考时也对这一论断表示认同，比如戴维·钱内（David F. Channell）（1991，138）就指出："纯机械制品的道德价值是由外在因素决定的，实际上是由它们对人类的有用程度决定的。"约翰·瑟尔（1997，190）在论及计算机时也指出："我觉得计算机就像任何一种新技术一样，在哲学上的重要性被严重夸大了。它就是一种有用的工具，仅此而已。"

工具论不仅听上去很合理，而且还十分有用。比如我们可以说，在这个技术体系和技术装置日益复杂的时代，工具论有助于我们理解事物。工具论不仅适用于开瓶器、牙刷、花园里用的浇水软管这类简单工具，也适用于计算机、人工智能、机器人这类复杂技术。德博拉·约翰逊（Deborah Johnson）（2006，197）称："计算机系统是由从事社会实践和有意义的消遣活动的人士制造、分配或使用的，今天的计算机系统如此，将来的计算机系统亦如此。将来，自动的以及交互式的计算机系统无论如何独立运作，它始终是人类行为、人类社会制度、人类决策（直接或间接）的产物。"按照这种思路，无论技术的复杂程度、互动程度、表面上体现出来的社会程度有多高，都不过是工具而已，它现在不能，今后也不能成为道德主体，我们也不应当把它当作道德主体。正是因为这一点，斯托尔斯·霍尔（J. Storrs Hall）（2001，2）才说"我们从未考虑过我们对机器负有道义上的责任"，戴维·利维（2005，393）也这么总结说："机器人拥有权利的观点是不可思议的。"

第2节　工具论的本质含义

鉴于工具论（Instrumental Theory）是人们对技术的"默认理解"，在关于机器人和机器人学的文献中不同形式、不同架构的工具论就被提了出来，不仅在严肃的工程和科学研究中如此，在虚构的文学作品中亦如此。恰佩克的科幻戏剧作品《罗素姆万能机器人》就是工具论的体现，它成了当代人讨论和争论有关话题的模板。戏剧一开场就将几位工程师和科学家与一位显得有些天真的门外汉置于激烈的冲突之中。前者属于专业人士，有知识、有经验，是他们制造了机器人；后者名叫海伦娜·格洛里（Helena Glory），是一个试图解放机器人的人权组织——人道主义联盟派来造访机器人制造工厂的代表。

　　法布里（技术主管）：请问你们那个联盟……人道主义联盟是干什么的？

　　海伦娜：它的宗旨……实际上，它的宗旨是保护机器人，确保……确保人们妥善对待机器人。

　　法布里：这个主意不错，机器人就应该得到妥善对待，我完全赞同您的观点。我特别讨厌有人破坏东西。格洛里小姐，可否让我们也付费加入您的组织？

　　海伦娜：不，您误会了！我们想做的，事实上我们想做的，是解放机器人！

　　哈勒迈尔（机器人心理与行为研究所所长）：什么？！

　　海伦娜：它们应该得到……应该得到像人一样的待遇。

　　哈勒迈尔：哈哈！您的意思是说它们应该有选举权？您是否认为我们还应该给它们付工资？

　　海伦娜：是的，你们当然得给它们付工资！

　　哈勒迈尔：我们会考虑考虑的。那么您觉得它们拿工资去干什么？

　　海伦娜：它们可以买……买它们需要的东西……买消遣用的东西。

　　哈勒迈尔：这听上去非常不错，可惜的是，机器人感受不到消遣的快乐。还有，它们该买些什么东西呢？您可以喂它们吃菠萝、稻草，什么都行，这些对它们来说没什么两样，因为它们没有味觉。还有，格洛里小姐，它们对什么都不感兴趣。有人看到过机器人笑吗？

海伦娜：那你们干吗……干吗……干吗不让它们高兴点儿？

哈勒迈尔：我们做不到呀！它们只是机器人而已，没有意志，没有激情，没有梦想，没有灵魂（Čapek 2009，27-28）。

这是戏剧第一幕开始后不久的场景。在这个激烈的冲突中，一方是机器人学领域的权威专家——一个是公司的首席工程师，一个是公司的首席行为科学家，他们知悉技术里里外外的底细，因而能以深刻的洞察力和非同小可的权威讲论技术的运作与功能；另一方是一个天真、引人同情的女孩，她认为机器人也是人，应当像对待人一样对待它们，她作为人道主义联盟的代表，希望解放机器人，因为它们看上去像人，认为它们应当具有与人相似的感觉、欲望和兴趣，所以她来到机器人制造工厂解放机器人，并倡导人们保护机器人权利。戏剧中，针对她这种明显错误的认知，工程师和科学家凭借自身在技术上的知识和经验进行了纠正，他们指出，尽管机器人看起来可能像人，但它们不过是器具或工具而已。他们充满自信地告诉格洛里小姐，机器人不需要什么，不希求什么，也不应得到什么。其实，这场对话体现并贯彻的是几个重要的哲学概念。

一、存在与现象

"机器人是什么"的重要性优先于"机器人看上去像什

么"。格洛里小姐之所以被刻画为一个观点"错误"的人，是因为她从"机器人像什么"推导出了"机器人是什么"。机器人制造工厂的首席工程师与首席科学家能指出并纠正她的错误，是因为他们不仅知道机器人被设计成了什么样——其外表和行为都模仿人类设计，而且更重要的是，他们知道机器人的真正本质——它们不过是工具或器具，为人类个人或团体用户服务，自身没有兴趣爱好、需求或欲望。这一切都是以一对意义深远的哲学概念为基础并通过它们来加以表述的。这对概念可以一直追溯到柏拉图的"洞穴之喻"——现代哲学家通常将其称作一场"思想实验"，这是柏拉图在《理想国》第七卷开头部分借苏格拉底之口讲述的一则寓言故事。

故事说，在一处地下洞穴里居住着几个人，他们坐在一大堵墙的对面，墙上可以看到有人借助光线投射到上面的一些影子。这些人从小就被人用链子囚禁在这里，除了那些人工投射的影子之外，他们什么也看不到。久而久之，他们就把出现在墙上的一切东西当成了真实，他们给不同的影子命名，想出一些聪明的办法来预测影子的次序和动作，还给猜得准的人颁奖（Plato 1987, 515a-b）。故事到了一个关键的转折点：一天一个囚犯被释放了，他并不明确地知道他的链子是怎么被解开的，只知道来自外部的力量拖着他走，他一路踢着、喊着被拖出了洞穴，被迫与地面上的真实世界撞个满怀。这个曾经的囚犯目睹了白昼光线照射下的真实世界之后，逐渐意识到他曾经认为真实的东西不过是一些骗人的影子而已，它们表面上的样子并非它们的真实本质。带着这个新知识，他回到洞穴去纠正同伴们的错误认识，试图把他所了解的东西，即出现在墙上的事物并非真实的事物告诉他们。

在当代，我们有一个人工智能版的"洞穴之喻"，就是约翰·瑟尔所提出的、引人入胜且影响不凡的"汉字屋"思想实验。他在 1980 年发表了题为《思维、大脑、程序》的文章，文中首度对"汉字屋"思想实验进行了介绍，并在后续出版物中进行了详细阐述。他把这个思想实验作为论据来反驳关于强人工智能的观点，即"机器能拥有思维"的观点。

设想一个母语为英语的人完全不懂汉语，被锁在一间堆满了一盒一盒汉字符号（即数据库）的屋子里，屋子里同时还放了一本操作这些符号的说明书（即程序）。屋外的人塞进另外一些汉字符号，其实是用汉语写成的几个问题（即输入），但屋里的人并不认识这些符号。他按照程序里的指令把正确回答那几个问题的汉字符号（即输出）递出屋外。程序确保他最终通过了关于汉语理解的图灵测试，可他本身一个汉字也不认识（Searle 1999，115）。

瑟尔的例证虽有些民族中心主义（因为至少自 Leibniz 的时代以来，汉语就成了欧洲哲学的异域"他者"，参见 Perkins 2004），却富有想象力。它的道理很简单：现象并非真实，因为换掉几个符号并把符号的位置交换一下，看起来像是在进行语言理解，其实并未真正理解语言。类似这样的例证在事物的现象与本真之间做出区分，不仅是对由柏拉图那里承袭而来的古老哲学概念的发扬光大，而且和柏拉图的"洞穴之喻"一样，也必然要求人们即刻、优先采取行动去接近事物的本质，而不只停留在现象上。尽管哲学界在这方面存在不小的分歧，尤其存在实在论与反实在论之间的分歧，但是在实证科学和工程实操领域，我们常常不难区分出专家的权威观点与门外汉的幼稚看法。前者学识渊博，洞悉事物的真实本质，后者则由于缺乏专业知识而局限于事物的表象。这正是《罗素姆万能机器人》中刻画的情形。

二、本体与伦理

当我们面临其他实体（无论是其他人、烤面包机之类的人工制品，还是《罗素姆万能机器人》中描绘的类人机器人）并处理与它们之间的关系时，必须在"谁"是道德主体和"什么"是物体之间做出区分。德里达（2005，80）指出，"谁"和"什么"这两个看似不重要的小词却能产生巨大影响，因为它们将实体世界分为两个阵营：一个是能且应当拥有正当权利（即特权、要求、权力或豁免）的他者，一个是（且永远是）物品、工具、人工制品这样的物体。[①] 对二者的区分简直就是将"存在"这块布料一分为二，它赖以实现的基础和依据就是实体固有的本体属性。马克·科克伯格（2012，13）认为，"判断道德地位正当性的标准方法就是考察实体所具备的一个或多个（固有）属性，比如是否具有意识、是否能忍受痛苦。是的话则须赋予该实体一定的道德地位。"在这个过程中，本体总是优先

---

① 网页版《芝加哥格式手册》（2013）最近补充了一组"常见问题解答"，其内容涉及代词使用的语法问题：

问：在指代"僵尸"时我是该使用关系代词 who 来表示人，还是该使用 that（因为从技术上讲僵尸不再具有生命）？"僵尸"是不是不再是"人"了？

答：让我们姑且认为你这是一个严肃的问题。作为作者，你需要确定你希望向"僵尸"注入多少人性和语法意义，这将帮助你在 who 和 that 之间做出选择。

于伦理，某物"是什么"决定了它应当如何被对待，或如卢西亚诺·弗洛里迪（2013，116）所言："实体是什么决定它是否拥有道德价值或拥有多大程度的道德价值。"按照这个标准方法，解决他者或他物的地位问题——是举足轻重的"谁"还是无足轻重的"什么"——首先需要确定哪个或哪些属性可作为判断一个实体是否具有道德地位的充要条件，然后需要确定某个具体的实体是否具备上述属性。正如休谟所洞悉并批判的那样，人们决定如何对待某物常常源自他们对"某物是什么"的认识。

问题在于，人们在"谁"与"什么"之间所做的决断从来都不是一成不变的，也从未彻底地解决过争议；相反，它不断受到挑战，而且存在相当大的空间供后来者重新探讨。——这一点可称之为"问题"，也可称之为"机遇"，完全取决于我们看待问题的角度。事实上，道德哲学的历史可以解读为一部围绕在何处切割（或在何处划线）而展开的持续不断的争论与斗争史。可以这么说，伦理学时断时续地发展到今天，是各种不同的"解放运动"（Peter Singer 1989，148）的产物，靠着这些解放运动，以前被纯粹当作"物"的实体后来出于这样或那样的原因又被看作具有道德地位的合法主体，经历了从"什么"到"谁"的转变，包括有色人种、妇女、儿童、动物在内的许多实体都经历了这种转变。这是进步的表现。然而像机器人这样的机械装置似乎永远被钉在了"什么"这一面上。伊纳亚图拉（Inayatullah）和麦克纳利（McNally）（1988，123）指出："人类历史是排他与争权的历史。人类曾将无数个群体，包括奴隶、妇女、其他族裔、儿童、外邦人等排除在人的定义之外。他们因被定义为无国籍、无人格、无权利之人以及犯罪嫌疑人而处境悲惨。这恰好是今天机器人所面临的境遇。"我也曾指出（Gunkel 2012，2017b），尽管道德哲学正努力变得更加包容，所有机器，尤其是机器人却一直（而且显然还将继续）被排除在外。无论大家如何在举足轻重的"谁"和无足轻重的"什么"之间的区别上做出决断，无论大家如何重新审视这些决断，机器人始终都不是道德主体，它只是且将一直是工具，是实现目标的手段，而非目标本身。[①] 这种"谁"与"什么"之

---

① 询问"什么是事物"，即使不是于事无补，也是毫无意义的，因为我们都知道什么是事物，我们每天都和它们打交道。但是，正如海德格尔（1962）所指出的，这种即时性和接近性正是问题所在。正是我们对事物的亲近使我们忽略了它们作为事物所具有的特殊的本体论特征。马歇尔·麦克卢尔（Marshall McLuhan）和昆廷·菲奥里（Quentin Fiore）（2001，175）巧妙地表达了这一观点："鱼完全不知道的事物恰恰是水。"就像鱼无法感知它们赖以生存和活动的水一样，我们也常常无法看到离我们最近、构成我们日常生活环境的事物。对此，海德格尔投入了相当大的精力去考察事物是什么，以及为什么对事物的界定看似容易，实则困难（但有趣）。事实上，"事物问题"是海德格尔本体论论题的主要关注点和组织原则（Benso 2000，59），他对"事物"的关注始于他 1927 年的代表作《存在与时间》，他在该书的开头部分写道："希腊人用一个贴切的术语来表达'事物'，就是 πράγματα（pragmata），即在重要交易中人必须与之打交道的物品。但是从本体论的角度来看，正是 πράγματα 的这种实用性特征令人费解。希腊人将物品'近似地'看作'事物'。我们应把我们所关切的那些实体称为'用具'（即德语 Zeug）。"（Heidegger 1962，96-97）根据海德格尔的分析，事物并不是，至少最初不是，作为世界上的物体被人所体验到的东西；它们总是与实用主义相关联，并以我们与我们所生活的世界的关系和互动为特征。因此，事物首先被定义为"用具"，即对于实现我们的目标有用的东西。海德格尔（1962，98）解释道："用具本体地位或存在状态主要通过其'可用状态'体现出来，即某个事物之所以成为事物，是因为我们为了特定目的使用它时，它具有或获取了'事物性特征'。"比如海德格尔常用的例子之一——锤子，是用来建造房屋、使我们免受自然的侵害的；笔是用来写这样一本书的；鞋子的设计是为了支持走路的活动。每个事物只有当它总是指向而且已经指向某种目标时才成为事物，因此，每个事物主要是作为一种工具而存在的，这种工具能用来满足我们的目的和需求。要更详细地考察海德格尔对事物的哲学思考，请参见本索（Benso）（2000）、贡克尔和泰勒（Taylor 2014）。

间的区别不仅体现和贯彻于《罗素姆万能机器人》之中，而且也是《银翼杀手》《西部世界》《银河战星》等机器人科幻电影或电视剧的结构主线。

　　阿达玛（司令）：布默是个机器人，是部机器。但她真是部机器吗？是个物品吗？

　　莱罗尔（队长）：她的确是部机器。

　　阿达玛：对我们来说她不仅仅是部机器。对我来说尤其如此。她在我的战舰上待了差不多两年，她是一个充满活力的、活生生的人。她不可能只是一部机器。你会爱上一部机器吗？（《银河战星》，2005）

三、有限权利

　　《罗素姆万能机器人》里的机器人被定义为由人类设计并使用的、为人类目的和利益服务的、纯粹的机械装置，因此它们只是工具，不具备独立的道德或法律地位，不能且不应当拥有权利，更确切地说，即使它们可以享有或应当拥有某些权利（即特权、要求、权力或豁免），也仅限于那些可以赋予其他任何有价值的物品的权利。这其实就是工程师法布里与海伦娜之间产生误解的根本原因。对海伦娜来说，"保护机器人"意味着至少应将机器人从繁重的劳动中解放出来。她认为，既然机器人的外貌和行为都很像人类，那么它们就一定具有类似于人类的兴趣爱好，因此也就具有从繁重的劳动和非人的待遇中解脱出来、得到保护的要求权。然而，工程师对"保护机器人"却有着完全不同的理解。根据他的解释，或者借用弗洛里迪（2013）的术语，根据所处的"抽象水平层次"，类似机器人这样的复杂工具是贵重的人工制品和资产，理应受到良好的对待，以确保它们能持续运转，避免它们因受到损伤而不可用。工程师在机器人的这种相对地位上的看法跟拉斯洛·韦尔谢尼（Laszlo Versenyi）（1974，252）很相似：

该责备机器人还是表扬机器人，该爱它还是恨它，该不该赋予它权利与义务，所有这些问题本质上类同于这个问题："该不该对小汽车进行检修、保养，并提供维持它们正常运转所需的东西？"我们依赖小汽车而生活，当然有必要对它进行检修以确保其运转良好，为其提供这类服务当然是明智之举。这跟其他物品一样，但凡我们要仰仗它们的良好运转而生活，就必须为它们提供相应的、能维持其运行的服务。对于上述两类问题我们唯一需要考虑的是我们为了维持正常生活需要这些实体（包括人、动物、机器等）吗？这些实体要正常运转需要这样或那样的东西（照料、关爱、食物、燃油、控制等）吗？只要这两个问题得以回答，我们就不需考虑其他因素，可以直接做出决断。

科克博格提出了类似的观点。他写道，尽管"我们把机器人视为物"，但是"由于机器人是人类的财产，或者在其他方面有益于人类"，我们或许仍有"某种义务优待它们"（Coeckelbergh 2010，240）。即使机器人因被划定为物、无善恶之分而不能拥有权利，我们仍然有理由善待它们。"我们尊重机器人不是因为它是道德上的行动者或受动者，而是因为它属于某个人，对他有价值，为了尊重他，我们对他的机器人财产负有间接的义务……既然出于各种原因，物品对我们（人类）有价值，那么，给予机器人某种程度的、间接的道德关怀是可行的。"（Coeckelbergh 2010，240）换言之，尽管某种东西是物，不能拥有权利（即特权、要求、权力或豁免），但我们肯定不能因此就说我们不承担有关它的义务。正如乔安娜·布赖森（2010，73）所说，"我们的确负有有关机器人的义务，但我们不对机器人本身负有道义上的责任"。因此，机器人不受某种程度的基本保护的说法是不完全正确的，机器人同其他人工制品一样应得到足够的照顾，以确保其作为工具可以正常使用。但是这种对物体的尊重与《罗素姆万能机器人》中海伦娜及人道主义联盟所提倡的权利完全是两码事。

第3节　工具论的实际运用

机器人是纯粹的机械装置，无兴趣爱好，不能拥有权利，无从获得解放，这就是《罗素姆万能机器人》对机器人的刻画。在懂行的工程师和科学家看来，海伦娜解放机器人的计划是被人误导了，不仅毫无必要，而且纯属无稽之谈，这就好比把烤面包机解放出来，让它不再烤面包，放手让它去追求自己的兴趣爱好、实现自己的各种愿望，是多么荒唐可

笑。① 类似的论断与观点也出现在并运用于科技文献中。比如
《机器人技术原则》（Boden 等 2011，2017）就呈现了当代人所
提出的颇有影响力的观点。这份文件从其成形的历史和创作方
式来看都并非无足轻重。托尼·普雷斯科特（Tony Prescott）
和迈克尔·瑟勒希（Michael Szollosy）（2017，119）称："2010
年，英国工程与物理科学研究委员会（Engineering and Physical
Science Research Councils，简称 EPSRC）和人文艺术研究委
员会（Arts and Humanities Research Councils，AHRC）联合组
织了一场静思会，邀请一批来自科技、工业、艺术、法律和社
会科学领域的专家讨论机器人技术中的伦理问题。会议最终拟
定出一套旨在规范现实世界中机器人的'机器人技术伦理原
则'（以下简称《原则》），由 EPSRC 发布在网上（Boden 等，

---

①　在这些观点中，烤面包机的例子特别受青睐。比如韦斯利·史密斯（Wesley
Smith）（2015）在回应机器人权利这一观点时就指出："我的回答很简单。机器没
有尊严，没有权利，它们完全属于人类。此外，人工智能装置只会模仿感受能力
（sentience）。作为无生命的物体，人工智能装置不可能比烤面包机更容易'受伤害'
（'受伤害'有别于'受损害'）。"烤面包机也是凯特·达林（Kate Darling）（2016，
216）和"总而言之"（kurzgesagt-In a Nutshell）（2017）发布的视频《机器人应该得到
权利吗？如果机器有意识怎么办？》中的主要例子。后者一开始展现给观众的就是下
面的思想实验：
　　想象一下，未来你的烤面包机会预测你想要什么样的吐司。白天，它会在互联网
上搜索美味的吐司新品。也许它会问你今天过得怎么样，想和你聊聊烤面包技术领域
取得的新成就。它在什么程度上成为一个人？在什么时候你会问自己你的烤面包机有
没有感觉？如果它有感觉，拔掉它的插头会是谋杀吗？你还会拥有它吗？我们有一天
会被迫赋予我们的机器权利吗？
　　从这一角度看来，罗恩·穆尔（Ron Moore）翻拍的《银河战星》（2004—2009）就
非常有见地。该剧中有两种类型的机器人（剧中称为赛昂人）：一是实用型的百夫长机
器人，这是一种镀铬的机器人，外观上是一部机器；二是"皮肤机器人"，这是一类外
形与真实人类没有区别的人工制品。前者被人类殖民者称为"烤面包机"——这个词被
赛昂人视为冒犯和种族歧视，由于它们只是工具或机器，人类可以毫不犹豫地射杀它们。
由此看来，以烤面包机为例，将这种特定的工具工具化，来解释工具论的方方面面，并
不是偶然的。

2011）。"

 与会专家中不乏人工智能和机器人技术领域最知名的、公认的行家里手，包括玛格丽特·博登（Margaret Boden），乔安娜·布赖森，达尔文·考德威尔（Darwin Caldwell），克斯廷·达特纳恩（Kerstin Dautenhahn），莉莲·爱德华兹（Lilian Edwards），萨拉·肯伯（Sarah Kember），保罗·纽曼（Paul Newman），维维恩·帕里（Vivienne Parry），杰夫·佩格曼（Geoff Pegman），汤姆·罗登（Tom Rodden），汤姆·索雷尔（Tom Sorrell），米克·沃利斯（Mick Wallis），布莱·惠特比，艾伦·温菲尔德等人。由他们撰写的这份文件包含了5条规则——这些规则"用两个版本发布，一个是半法律文件形式的正式版，一个是结构松散、易于理解的，针对非专业人士的普及版"（Boden 等 2017，125）——和"7条高级别信息……旨在激发机器人研究领域和机器人工业领域人士的责任感"（Boden 等，2017，128）。2016 年，人工智能和行为模拟学会（Society for Study of Artificial Intelligence and Simulation of Behaviour）在英国谢菲尔德举行了一场研讨会，会议重新审视并评估了上述《原则》。这次会议由托尼·普雷斯科特主持，组委会成员包括乔安娜·布赖森，艾伦·温菲尔德，马德莱娜·科克·邦宁（Madeleine de Cock Buning），诺埃尔·夏基等人，其中乔安娜·布赖森和艾伦·温菲尔德曾参与过起草原始文件。2017 年，修订后的《原则》，连同起初为研讨会所提的 14 条对策与评论被发表在《连接科学》杂志的专刊上。这份文件虽然篇幅不长，但其组织结构与内容影响重大。

一、专家观点

《原则》从最初的起草，到后来的批评与修订，再到最终的确认与发表，均由该领域的知名专家参与完成。《原则》的作者不可谓不重要，它的最终成形向世人非常清晰地表明谁才是拥有发言权的权威："2010 年，来自科技、工业、艺术、法律、社会科学领域的专家们在 EPSRC 和 AHRC 联合举办的机器人技术静思会上齐聚一堂，共同研讨机器人技术及其在现实世界中的应用、机器人技术惠及人类社会的巨大前景等课题。"（Boden 等，2011，1）[1] 这里对"专家观点"的宣示意义重大，它表明文件的撰写者是懂行的内部人士，他们当然知晓机器人是什么、能做什么或不能做什么，他们和《罗素姆万能机器人》中的工程师、科学家一样，具备相关方面的经验、洞见和知识，因而能以权威的身份谈论有关话题，并纠正可能存在的误解——就像海伦娜和她所在的组织人道主义联盟所持有的那种误解。事实上，这份文件由一群专家来撰写就是为了增强其表达效果而采取的一种策略，它明确地"强调说话人是谁、来自哪里"（Plato 1982，275b）。

二、机器人是工具

专家们认为，机器人是工具，不能且不应当被视为人，因

---

[1]　在《原则》的修订版中（Boden 等，2017），"专家"一词被替换为"一群人"。其开场白这样写道："2010 年 9 月，来自科技、工业、艺术、法律和社会科学领域的一群人参加了由英国工程与物理科学研究委员会和人文艺术研究委员会联合举办的静思会，对机器人技术及其实际应用以及它给社会所带来的大好前景进行了研讨。"（Boden 等，2017，124）

为人是具有道德和法律地位、拥有权利并承担责任的实体。这一观点在《原则》成形的过程中以各种方式无数次地被明确表达出来：

"机器人虽有特殊性，但它仍然是类别各异的工具，人类必须承担起责任，确保机器人表现良好。"（引言）

"机器人是多用途工具。"（规则 1）

"机器人仅为实现人类目标、达成人类愿望的工具。"（规则 2 之评论）

"机器人是一种产品。"（规则 3）

"机器人是一种人工制品。"（规则 4）

"机器人非人类。"（规则 3 之评论）（Boden 等，2017）

《原则》指出，即便机器人从外观上看不再是工具，而是被设计成宠物、玩伴等实体的模样，出品者也应当清楚地告知使用者实情，应当让使用者对机器人的"工具性存在"（tool-being）一目了然（"工具性存在"是格雷厄姆·哈曼（Graham Harman）2002 创造的术语。该术语的提出受海德格尔思想的影响）：

当一些人由于居住条件、身体条件、时间或金钱方面的限制无法照看宠物时，机器人玩具就可以大显身手：给人带去欢乐和安慰，甚至充当人的伴侣——这是机器人技术的一个伟大前景。不过，一旦用户喜欢上这样的玩具，生产厂商就有必要做出如下声明：该款机器人有需求、有欲望，可能因此而给主人或其家庭带来额外的经济负担，而这对后者而言会有失公平。这条规则的法律版旨在说明，尽管有时我们允许甚至鼓励制造出看似具有真正智能的机器人，但是，凡拥有这种机器人或凡与其互动的人都应该能识别它的真实身份，也许还应该能知晓它被生产出来的真正使命。我们认为保护消费者最好的办法，借用《绿野仙踪》中的一个说法，就是保证他们能"开启幕布"，即知晓详情，以此来提醒他们机器人智能是人工智能（Boden 等，2017，127）。

《原则》明确指出，无论机器人的行为多么复杂，其设计多么优雅，它始终是由人类行动者使用、部署和操纵的工具，所以，这份文件可以看作是对海德格尔（Heidegger 1977，6）"技术的工具性及人类学定义"的认同与贯彻。正如瑟勒希（2017，151）总结的那样，"ESPRC 原则对'人类'的构成要素提出了明确、具体但又未言明的假设，因此这些原则对人类来说非常适用，它们强调明确界定的人类行动者与机器人之间存在一种特定的关系，一方面，人类总是充当独特、自主的行动者角色，另一方面，机器人永远被视为物体，是受人类主人操纵的工具。"

三、是—应推论

《原则》秉承的理念是"应"源于"是"。应该如何对待一个事物，完全由它拥有或能够拥有的本体属性决定和证明。托尼·普雷斯科特在他的评论《机器人不仅仅是工具》中阐释道：

EPSRC 机器人技术原则（以下简称"原则"）的核心就是一系列关于机器人本质的本体论主张，它们成为应对伦理挑战和制定相关规则的公理。这些主张中既有说明机器人是什么的，又有声明机器人不是什么的。前者包括"机器人是多用途工具（原则1）"，"机器人是产品"（原则3）和"技术"（原则3评论），"机器人是生产出来的人工制品"（原则4）；后者包括"充当责任主体的是人，而不是机器人"（原则2），机器人"并非人类"（原则3评论），机器智能只是给人一种"真实智能的印象"（原则4评论）。（Prescott 2017，142）

正如普雷斯科特所指出的那样，《原则》首先就机器人的本体条件和本体地位提出一系列主张，继而把这些主张作为业已确立、广泛接受、不证自明的公理，从中推导出一套伦理规则和指导方针。因此，该如何看待机器人取决于人们认为机器人是什么或不是什么。既然已经宣布机器人是工具而非人类，那么它们自然就不承担责任，也不能主张权利。正如普雷斯科特颇有洞见地指出的那样，一切均发端且依赖于人们起初对事物本体的裁定与主张，即"应"源于"是"。

第4节　当前和未来的任务

《原则》是专家们针对当前所面临的机遇与挑战有意识地制定的指南，但是，未来的形势可能会发生变化。普雷斯科特（2017，147）表达了与《原则》不同的意见，他指出："机器人仅仅是工具的看法所引发的一种后果就是间接地否认了未来强人工智能（strong AI）——即与人类智慧相当，甚至超越人类智慧的机器人——存在的可能性。"不过，即使站在未来的角度看待这个问题，人们仍然有理由将机器人排除在道德主体的范畴之外。以兰茨·弗莱明·米勒（Lantz Fleming Miller）（2015，374）为例，他提出"最大限度类人机器人"（maximally humanlike automata）的概念，并写道："我所关心的是，如果机器人展现出所有（或接近所有）与人类相吻合的、区别于他物的、必要的特征，那么它们是否应当享有完全的人权。"（Miller 2015，375）至少在现有观点中，米勒所提及的是一个完全基于推测的极端情形，即如果能够创造出这样一个机器人，它所展现的所有特征恰好是一个实体被认定为人所必须具备的特征，"除了从生物学意义上讲不是人类之外"（Miller 2015，380），那么它应当享有跟人类类似（即使不是相同）的权利（包括特权、要求、权力和豁免）吗？米勒对此问的回答是一个响亮而又绝对的"不"字。换言之，即使在极端可能性的条件下，"人们（也）不必赋予像人一样的机器人全部的人权"（Miller 2015，377）。

米勒指出，其中的原因在于人类与机器人之间存在着本体上的差异：人类作为生物实体，是进化的产物，体现出"存在主义的、规范的中立性"特征，而机器人是人类创造的人工制品，不具备这一特征，所以，我们可以用一个"一价谓语动词 A（x）"来定义人类，即"X 已存在（'出现'）"，但我们需要一个两价甚至三价谓语动词来定义人工制品，即 C（x，y）："某实体 Y 创制了 X"，以及 P（x，y，z）："某实体 Y 为了达到目的 Z 创制了 X"（Miller 2015，375）。我们无论如何都很难将米勒归入海德格尔学派，但是他提出的观点与海德格尔在《存在与时间》（1962，102）中对工具论所做的分析非常接近，只是在措辞上略有不同："内在属性才是确定事物所属类别的必要条

件，外在属性具有偶然性和随机性。对人工制品而言，目的就
是一种内在属性。铁锹被定义为用来铲土的物品，计算机则被定
义为用来计算的物品。如果没有明确的目的，这个物体就是一
块金属，而非铁锹。"（Miller 2015，377）一把铁锹要成为铁锹，
就必须有一个生产铁锹并运用铁锹的目的，正是这一目的（用海
德格尔的话说就是"为了什么"）使铁锹成为铁锹，而不是一块
固定在一根木棍上的扎眼的钢材。米勒和海德格尔的用词有所不
同，这极有可能是因为二者分属大陆哲学流派和分析哲学流派，
然而他们所表述的意思几乎完全一致。像机器人这样的事物，只
有具备了一个目的（人可以通过运用它达到这个目的，且这个目
的是事先确定好了的），才能获得它们的身份。与之相反，人类
却不具备这样的目的性，人就是人。[①]

米勒在表述其观点时，赞同并遵循道德哲学领域长期以来
秉持的传统观念，即本体优先于伦理，"应"取决于"是"。他

①　安德烈·贝尔托利尼（2013，224）在考察论述他所谓的"强自主权"（strong autonomy）时提出了类似的观点：

众所周知，康德提出的绝对命令禁止将对应物仅作为实现主体目的的手段，应把代理和自我（**alter and ego**）当作同一层次上的主体，第二主体应能追求自己的目标。人们创造人工主体仍然是为了某个特定的目的，而且"这一目的不会因为（人工系统）的任何决定而被取消"。即使某人决定他所创造的人工系统不是一种工具，而是目的本身，这样的选择权还是属于人的，因此他将对此负责。既然创造机器作为一种存在的根本决定出自人，那么机器的自由在本质上就会被剥夺，随之它作为一种道德存在的地位也会被剥夺，因此，我们可以得出这样的结论："人造道德主体"这个概念本身就是一个矛盾的说法。

贝尔托利尼虽使用了不同的术语（即康德学派的术语），其观点却与米勒的观点在本质上相似：人工制品是为特定目的而创造的工具。这个目的不能被人工制品的任何决定所撤销，也不能在设计时加以规避。即使在某些情况下，人工制品被有意地设计成工具之外的东西，比如自身带有目的的物品，但它仍然有一个由人类设计者或制造者决定的目的。因此，正如贝尔托利尼所言，"人造道德主体"在措辞上是自相矛盾的。所有人工制品都是并且将仍然是工具。即使它被有意设计成工具之外的东西，它仍然是工具。

认为，因为人类（属进化的产物，因而具有存在主义的、规范的中立性特征）和像人一样的机器人（属事物或工具，被人有意识地设计出来实现某种目的）在本体上互不相同，所以前者应当拥有权利，后者却可能被人以可靠的理由否决掉权利。这种"人类例外论"（human exceptionalism）存在的基础就是米勒所主张的基本且无争议的内在差异。既然如此，主张人类例外论就是绝对公平，且人们无须带有任何愧疚感的（或至少在米勒看来是这样的）：

> 人类才是辨别、肯定并实现人权的主体，由他们赐予（他人 / 他物）这些权利是公平和公正的，他们占据着公平和公正的地位来决定哪些实体从本体论上讲应该得到权利。从人权的角度考量，某些实体的本体属性与人类有着本质区别，人类没有道德上的义务给予他们完全的人权。只给予现代人完全的人权并不违反人权的基础。我们在人类和机器人之间树立一道权利的藩篱并不意味着我们又回到了人权只授予欧洲白人男性的时代。我们不需要为了避免回到过去的时代而试图将权利扩展到各种各样本体各异的实体之上（仅仅因为它们表现出某些人类的特征）。（Miller 2015，387）

这种"本体论区别"是否确为哲学上站得住脚的立场，仍然存在争议。事实上，正如米勒（2015，374）明确指出的那样，整个论点都是"一种假设，它有条件地建立在对人权本质和人类属性所广泛持有的信念之上"。因此，米勒的论点终究不是建立在经科学证明的事实之上，甚至不是建立在可以证明的事实之上，而是建立在一个共同的、"广泛持有的信念"之上——这是一个信念的问题。瑟勒希围绕《原则》也提出了类似的观点：

ESPRC原则（隐含的）核心概念就是在过去几个世纪被人文主义所定义的人类。人类本身就是主体，是一个独立的存在，不受其他超自然力量的支配。人类处于以欧洲为基础的法律、伦理、经济和政治制度的中心。然而，重要的是，我们需要记住：1）人类仍然是一个相对较新的"发明"；2）在人的一生中，并非如人文主义支持者所想象的那样，只有一个"版本"的人类。（Szollosy 2017，151）

当我们从"是"（或"不是"）推断出"应"（或"不应"）时，本体论决定了一切。但是，关于本体论地位的决定往往依赖于非逻辑必然的主观臆断，因此可能面临重大挑战。

例如，米勒所说的"广泛持有的信念"很容易受到其他信念的挑战。尼克·博斯特罗姆（Nick Bostrom）和埃利泽，尤德科夫斯基（Eliezer Yudkowsky）（2014）就提出了一个同样可信的替代方案，他们称之为"非歧视原则"（既然是"原则"，他们也就没有加以论证，而只是主观断言，仿佛它们的正确性不容置疑）：

基质非歧视原则——如果两种存在具有相同的功能和相同的意识体验，只是在基质上有所不同，那么它们就具有相同的道德地位。

个体发生非歧视原则——如果两个个体具有相同的功能、相同的意识体验，只是在如何产生的问题上有所不同，那么他们就具有相同的道德地位（Bostrom 和 Yudkowsky 2014，322-323）。

这两个原则不是通过论证或证据确立的，而只是简单的断言，它们决定实体的道德地位不是依据事物的本质，即其本体上的独特性，而是依据事物在实际经验中所发挥的外在功能。

埃里奇·施维兹格伯（Eric Schwitzgebel）和玛拉·加尔扎（Mara Garza）（2015，100）也提出了类似的观点："一个实体拥有什么样的躯体并不影响其道德地位，除非躯体影响了它的心理属性和社会属性。同样，一个实体拥有什么样的内部构造也不影响其道德地位，除非内部构造影响了它的心理属性和社会属性。只有心理属性和社会属性与道德地位直接相关，至少我们是这样认为的。"因此，米勒提出的这类观点就被认为是非主流的，而且是过时的：

现代世俗哲学中关于道德地位的著名论断都只基于心理属性和社会属性来考量道德地位，这些心理属性和社会属性包括理性思考的能力、快乐、痛苦、社会关系等。没有哪种有影响力的现代世俗哲学论断可以被合理地解读为致力提供一种原则，依此原则指出两种存在在道德地位上不同，在心理或社会属性上却相同。这样的论断过去没有，现在没有，将来也不会有；实际情形中没有，虚拟情形中也没有。然而，一些古老的论断或者宗教上的论断却可能会在心理属性和社会属性之外确定道德地位的差异。亚里士多德学派兴许会认为人工智能与人类有着不同的目的。然而，我们并不清楚亚里士多德学派是否一定会这样想；我们也不认为这样一个原则，以这样一种阐释方式，从现代的观点来看会很有吸引力，除非直接相关的心理或社会属性差异伴随着目的上的差异。同样，有神论者可能认为，上帝以某种方式赋予人类比人工智能更高的道德地位，即使二者具有相同的心理和社会属性。我们发现这种说法是否恰当很难评估，但我们倾向于认为，以这种方式不平等地分配道德地位的神是有道德缺陷的。（Schwitzgebel 和 Garza 2015，100）

不管这些不同的论断是如何表述的，它们的基本论证套路都相同，即先就某实体"是什么"提出教条式的主张或假设，然后以此推断该实体的道德地位。换言之，本体论假设决定并证明道德因素，这正是休谟最初通过区分"是"与"应"所确定和批判的问题。

第 5 节　挑战、困境与问题

尽管本章前面讨论的思维方式行之有效，并有助于解决谁拥有道德地位、谁不具备道德地位的问题，但仍有许多重大的关键性问题有待回答。

一、工具 ≠ 机器

尽管工具论有助于我们理解技术创新，但它自身是一把"钝器"，因为它把所有的技术，不论其设计、构造或操作方式如何不同，都简化为一种工具或器具。然而，"工具"一词并不一定囊括所有的技术制品，因此也就不能穷尽所有的可能性。比如，除了工具之外，我们还有机器。卡尔·马克思（Karl Marx，1977，493）曾指出，"机械学专家"经常混淆这两个概念，"把工具称为简单的机器，把机器称为复杂的工具"。但这两者之间其实存在着一个重要而关键的区别。海德格尔在《技术的追问》一文中所作的一段简短的附带说明揭示了这一本质区别。他在提到他使用"机器"一词来描述喷气式客机时写道："黑格尔把机器定义为自动工具，在这里讨论这一定义是恰当的。"（Heidegger 1977，17）海德格尔虽没有完整引用，但我们知道他所指的是黑格尔在 1805—1807 年间耶拿讲座中的内容，其中"机器"被定义为自给自足、自力更生或独立运转的工具。马克思（1977，495）沿着这一思路简明地指出，"机器是这样一种机械装置，它在被启动之后用自己的工具所执行的操作，与以前工人用类似的工具所执行的操作如出一辙。"

马克思沿用黑格尔的观点，对工人使用的工具和机器这两个概念进行了区分：机器取代的不是工人手中的工具，而是取代了工人自己。尽管马克思并没有对这一观点的社会、法律或道德影响展开进一步的探讨，但该观点在道德、法律责任的分配上引发了一些有趣的分歧。约翰·苏林（John Sullins）（2005，1）解释说："自动机器是人类行动者的代理，因为在机器缺席的情况下人要去完成机器的任务。既然如此，机器也应该代理人类行动者在相同情形下所具有的权利和责任。"因为自动机器代替的不是工具，而是使用工具的人类，所以机器可以被看作是人类权利和责任的代理人。这一观点似乎与最近的一些研究动向相吻合，这些研究明确提出，在定义机器人，或者至少是某些类型的机器人时不应仅仅把它们当作器具或工具，而应做其他方面的考虑。

用来说明马克思所阐明的这种差异的最好的例证也许莫过于自动驾驶汽车。无论是谷歌开发的自动驾驶汽车，还是其他竞争对手开发的自动驾驶汽车，其目的都不是要取代汽车，因为它在设计、功能和材料上都与我们目前用于个人交通的工具相同；它要取代的不是交通工具（汽车），而是驾驶员。美国国家公路交通安全管理局在 2016 年 2 月 4 日致谷歌的一封信中就承认了这一差异。信中表示，谷歌公司的自动驾驶系统可以被合理地视为车辆的合法驾驶员："以下解释的一个基本出发点就是，本局将把谷歌所描述的机动车辆设计方案中的'驾驶员'视为自动驾驶系统，而不是车辆所载的人员。"（Ross 2016）虽然这个决议只是对现行法律的解释，但美国国家公路交通安全管理局明确指出，它将"考虑启动立法程序来解决'司机'一词的定义问题，即是否应对美国法典 301 章 571.3 节所规定的'驾驶员'的定义进行更新，以适应不断变化的情况"（Hemmersbaugh 2016）。

在应对工作场所的自动化问题时，也有人提出了类似的建议。例如，2016 年 5 月就有人向欧盟议会提交了一份提案，提案认为，为了应对技术性失业、税收政策和法律责任方面的挑战，"先进的自主机器人"（用马克思的话说就是"机器"）应当被视为享有特定权利并承担特定义务的"电子人"。这份提案一度被高度曝光，虽然其原始提议未获通过，但它表明决策者已经意识到，最近机器人领域的一系列创新向我们应对有关道德和法律责任问题的常规方式提出了挑战。在这两个案例中，人们都认识到机器人装置不仅仅是人类用来改变世界的工具。戴维·弗拉德克（David C. Vladeck）（2014，121）解释说，机器人这样的技术"将来不会是供人类使用的工具，而是由人类部署的机器，它们不直接接受人类的指挥，而是通过其自身获取和分析的信息独立运转，并常常在机器创造者无法预料、更不用说直接处理的情况下做出重大决策。"可见，类似机器人这样的机械装置对工具论提出了挑战，促使人们在一定程度上承认机器人是一种独立的道德和（或）法律实体。这些主张最终是否会被写入政策或法律还不得而知，但是，我们目前所能看到的是关于技术的工具主义思想遇到了挑战，这就为重新认识机器人的社会地位提供了机会。

二、机器人不仅仅是工具

此外，工具论似乎无法与社交机器人学的最新发展相抗衡，因为"工具"这一称谓可能不适合（或至少不容易契合）那些被有意设计成社交同伴的事物。普雷斯科特（2017，142）认为，"工具这一范畴描述的是具有某种功能的手工类或机械类物品，而同伴这一范畴描述的是举足轻重的他者，通常是人或动物，人们与他们之间可能存在着以情感纽带为标志的互惠关系。"机器人可能同时属于上述两个范畴，这就引发了一些重要而有趣的问题，"机器人只不过是工具"的论断给这些问题蒙上了一层阴影。① 事实上，社交互动机器在实践中的运用即使不是完全否决了工具论，至少也突破了其解释力所及的范围。凯特·达林（2016a，216）指出，"乍一看，人们似乎很难区分普里奥（Pleo）恐龙玩具这样的社交机器人和烤面包机（又是烤面包机！）这样的家用电器，二者都是人造物品，都可以在亚马逊上购买，都可以按照我们喜欢的方式使用。然而，我们对这两种人工制品的看法是有区别的：烤面包机是用来烤面包的，而社交机器人是用来充当我们的伙伴的。"

凯特·达林引用了谢里·特克（Sherry Turkle）的研究以及驻伊拉克和阿富汗美国士兵的经历来支撑上述观点。特克将实地观察和临床研究中的访谈结合起来展开研究，结果发现一种有些令人不安的现象，她称之为"机器人时刻"（robotic moment）："我发现人们愿意严肃地对待机器人，不仅把它们当作宠物，还把它们当作潜在的朋友、知己，甚至是恋人。至于机器人的人造智能是否'知道'或'理解'人类与之共同分享的人类时刻（human moment），他们似乎并不在乎……能体现出一种情感关系对他们来说似乎就足够了。"（Turkle 2011，9）特克指出，我们似乎愿意，而且非常愿意把类人社交机器人看作远远超过工具或器具的实体，我们称它们为代理宠物、亲密

---

① 由于这个原因，《原则》处理陪伴型机器人的方式可能存在问题。"与将机器人视为工具的观点相一致，《原则》中关于陪伴型机器人的论述语气相当不屑，将它们描述为能够给那些无能力或无钱饲养动物宠物的人带来一些快乐的玩具。因此，机器人是人造的伙伴，会制造出一种'情感幻觉'，它们的智能是人造的，而不是'真实的'。有人认为，陪伴型机器人的虚假本质造成了一个真正的道德问题，因为它们具有潜在的欺骗性，因此应该从设计上让人看出它们的'机器本质是透明的'。"（Prescott 2017，143）

的朋友、知己，甚至情人。马泰斯·朔伊茨（Matthais Scheutz）（2012，73-215）也指出，即使"我们今天（或在可预见的未来）可以买到的社交机器人中没有哪一款会关心人类"，我们似乎毫不在乎。我们愿意照顾机器人，就像我们愿意照顾动物一样，这似乎并不取决于机器人是否有能力照顾我们，或是否有照顾我们的表象。换言之，它们是否真的关心我们，我们并不在意。

诸如 Furbie、Pleo、Aibo、Paro 之类的机器人被有意设计来引发人们的这种情感反应。但能引发人类情感反应的不只是这样的机器人，任何一种古老的机械装置——比如当前在战场上使用的排爆机器人，它们外形类似于工业上使用的机械装置——都可以做到这一点。佩特·辛格（Peter W. Singer）（2009）、乔尔·加罗（Joel Garreau）（2007）和朱莉·卡彭特（Julie Carpenter）（2015）均指出，士兵与排爆机器人之间形成了令人称奇的亲密关系，他们给它们起名字，根据它们在战场上的表现给它们升职，冒着生命危险保护它们，甚至为"阵亡"的排爆机器人开追悼会。这一切源于这些机械装置在军队内部的特殊地位以及它们在战场上所发挥的重要作用。这些事实与那些听上去很合理的常识——即"它们只是技术，是毫无知觉的工具或器具"——正好相反。正如埃莉诺·桑德里（Eleanor Sandry）（2015a，340）所解释的那样：

诸如 PackBots、Talons 这样的排爆机器人，外形既不像人也不像动物，没有自主能力，也没有由人工智能支持的独特而又复杂的行为。人通过无线电信号直接向这些机器传输信息，而无线电信号没有情感内容，人也无须对其进行解释。因此，这类机器人不太可能引发人类 - 机器人交互方面的重要话题，人们不会把它们作为社交机器人进行讨论，因为它们大多不具备自主能力，依据某些定义，它们不能被视为社交机器人。……尽管如此，越来越多的证据表明士兵们把排爆机器人当作团队成员，表扬它们在执行任务时的英勇无畏。即使排爆机器人外形像机器，且受人的控制，与之共事的人却似乎把它们拟人化了，把它们看作具有个性和能力的个体。

对一些更为普通的技术制品的研究也得到了类似的结果，这些技术制品包括吉·霍夫曼（Guy Hoffmann）设计的 AUR 台灯（Sandry 2015a 和 2015b）、iRobot 公司出品的 Roomba 扫地机器人（Sung 等，2007）等。朔伊茨（2012，213）写道："虽然乍一看 Roomba 没有社交因素（无论是在设计上还是在其行为方面）可能引发人们的社交情感，但是事实证明，随着时间的推移，人类对 Roomba 清洁他们的房间产生了一种强烈的感激之情。一个自动机器日复一日地为他们工作，这一事实似乎唤起了人们一种要施以回报的情愫（即使不是冲动）。"

这一切其实并不新鲜。弗里茨·海德（Fritz Heider）和玛丽安·西梅尔（Mariane Simmel）早就在《表观行为的实验研究》（1944）一文中报告了他们通过实验获取的证据：人类倾向于赋予简单的动画几何图形动机和个性。布赖恩·里夫斯（Byron Reeves）和克利福德·纳斯（Clifford Nass）在 20 世纪 90 年代中期对"作为社交角色的计算机"（computer as social actor，CASA）所做的系列研究也得出了类似的结论。他们在对人类受试者进行的多次试验中发现，计算机使用者都有一种强烈的倾向把社交互动技术（无论多么初级）当作人来对待。

计算机在交流、指导和轮流交互的方式上与人类非常接近，因此它们刺激人们做出社交上的反应。要做出这种反应，并不需要太多的刺激，只要有一些行为暗示着社会存在，人们就会做出相应的反应。当涉及社交时，人们天生就会犯这种保守的错误：当存有疑问时，就把对方当作人来对待。因此，任何与人类很接近的媒介都会被当成人类，即使人们知道这么做很愚蠢，而且他们事后很可能会否认这么做过。（Reeves 和 Nass 1996，22）

关于技术的理论（即工具论——译者注）历史悠久，人们不仅决定用它来解释简单的手工工具，还决定用它来解释复杂的计算机系统，这似乎与不同的情况和环境下人类与机器互动的真实实践经验格格不入。抽象一点儿说，事物的表象——即事物在真实社会环境中的实际运作——也许比事物的真实本质（或人们认为的本质）更为重要。普雷斯科特（2017，146）在构思一种现象学的道德准则时指出："我们应当考虑人们是如何看待机器人的，比如，他们可能会觉得自己与机器人之间存在着有意义、有价值的关系，他们也可能会觉得机器人具有重要的内在属性，如感知痛苦的能力，尽管它们本身并没有这样的能力。"

三、工具论的民族中心主义弊端

将世界分为"谁"（举足轻重的人）和"什么"（无足轻重

的技术制品），这种做法仅限于特定文化。这就表现出一种道德相对主义。（关于道德相对主义，目前尚未得到充分的认识和论证。）比如，有人批评 ESPRC 原则，认为它体现出一种"打上了欧洲基督教烙印"（Szollosy，2017，156）的"人类本性"观。

机器人被视为机器，也就是纯粹的物品。在欧洲基督教传统中，无生命的物品，甚至非人类的物品都被看作是不太重要的存在，因为它们不具备灵魂；灵魂这种无形而又超然的属性仅生命体才具有，甚至在大多数人看来，仅人类才具有。（1921 年，恰佩克的戏剧作品《罗素姆万能机器人》中首次使用了机器人一词，自此，机器人这个概念的核心就是缺乏关键的人类因素。）也许有人会说欧洲不再受基督教控制，但是在欧洲，乃至美洲，基督教观念依然盛行。即使在当代欧洲完全世俗化的法律和伦理框架中（包括 ESPRC 原则），这一点依然明显存在。（Szollosy，2017，156）

反观其他宗教或哲学传统，他们看待这些事物的方式截然不同。珍尼弗·罗伯逊（Jennifer Robertson）指出，我们对技术所持有的工具性和人类学观点，可能与日本文化和传统中人们持有的观点截然相反。罗伯逊（2014，576）认为，"日本人将机器人看作'活'的实体，这是受了三大社会文化因素的影响。第一个是语言因素。日语里有两个不同的动词表达'存在'这个意义，一个是'aru/arimasu'，指某物的存在，如自行车；一个是'iru/imasu'，指某人的存在，同时也用来指称机器人，

如这个标题 'Robotto no iru kurashi'（字面意思为机器人存在的生活方式）。"第二个因素是日本本土宗教神道教，该教看待事物的方式与犹太教、基督教、伊斯兰教三大一神论宗教均不相同："神道是（日本）本土人所持有的一种信仰，它相信万物无论生死均有灵，无论有机物还是无机物，无论天然形成的实体还是人造实体，均具有至关重要的能量、神性、力量或称为 kami 的精华，无论是树木、动物、高山还是机器人，它们身上的 kami 或力量都有可能被调动起来"（Robertson 2014，576）。罗伯逊认为，第三个因素关乎对生命意义以及什么是"活着"（乃至什么不是"活着"）的看法，这些看法与我们不同。

"inochi"在日语中表示"生命"，它包含三种看似矛盾却又相互联系的基本含义：为一代又一代有感受能力（sentient）的存在注入活力的力量；从出生到死亡的时间周期；某物，无论是有机物（自然物）还是受造物，最基本的特质。最后一层含义跟机器人最为相关，由此我们可以推知，机器人被视为一种"活"的实体。这里我们需要重点关注的是，日本人不会面临一种"本体论压力"，即无须在有机物、无机物，有生命之物、无生命之物，人类、非人类之间做出区分。相反，所有这些实体形式构成了一个连绵不断的存在网络。（Robertson 2014，576）

我们从工具性和人类学角度对技术所作的定义看似准确地描述了技术的特征，它将机器人只看作工具，以便与作为社交上重要的他者——人做区分，但这种定义只适用于特定的文化和语言传统。正是出于这个原因，维鲁吉奥（2005，4）呼吁机器人研究领域的学者们"对不同文化和宗教信仰中的主要伦理范式进行全面考察"，并"找到一种线索来制定'适应'不同文化和宗教信仰的伦理准则"。

第6节　结语

"机器人能且应当拥有权利吗？"对这一问题的否定回答简单而又直观。这种默认的反应源自一个看似正确的常识：任何技术制品，无论是锤子这样的简单手工工具、烤面包机这样的家用电器，还是类人社交机器人，都只不过是满足人类活动所需的工具或器具。这种观点形成的基础是海德格尔（1977，6）所称的"工具性和人类学定义"，它似乎被广泛接受，被许多人看作一种正确的思维方式——"正确"到人们甚至不需要去思考它。当人们试图努力应对机器人带给道德和法律领域的机遇和挑战时，尤其当人们试图制定一套总体原则使技术恰当地融入当代社会时，这种正统观点不仅表现得十分明显，而且还发挥了重要作用。这种观点从"是"推导出"应"，认为机器人是什么（是无生命的客体，不是道德和法律主体）决定了人们应怎样对待它们。这种思维方式行之有效，而且似乎也无可争议，但它本身存在着明显的局限性和一系列棘手的问题。

首先，从本体论范畴来定义"工具"的做法虽然适用于许多技术，却不能用来充分解释所有种类的机械制品，尤其是马克思所说的机器。机器构成了第三类"阈限实体"（Kang 2011，35），既不完全属于"谁"的阵营，也不完全属于"什么"的阵营。其次，某些用于社交的人工制品，比如类人社交机器人，被有意设计成超越工具的产品，或者它们所具备的功能使其人类伴侣不仅仅把它们看作是一种工具。我们决定如何对这些另类的社交互动他者做出反应似乎比了解它们本质上是什么更为重要。换言之，我们与这些人工制品之间的社交互动关系优先于它们本身所具有的或被分配给它们的本体属性（关于这方面的影响将会在第 6 章进一步探讨）。最后，对技术的工具性和人类学定义既非普遍认同，又非无懈可击，因为它局限于特定的文化，其他观念不同的宗教和哲学传统可能对此提出挑战。简单地宣称机器人是工具，然后假定这种界定无可辩驳，这不仅表现出对他者的漠不关心，而且有形成智能及道德帝国主义的风险。

第 3 章
S1 → S2 机器人能拥有权利，故机器人应当拥有权利

否定回答的反面就是肯定回答。对第二个问题（机器人应当拥有权利吗？）的肯定回答源自对第一个问题（机器人能拥有权利吗？）的肯定回答，即机器人能拥有权利，因此机器人应当拥有权利。这也是现有文献中颇为流行的一种观点（这多少有些意外）。持这种观点的人士通常认为，尽管当前机器人能力有限，地位不高，但它在不久的将来（很可能）会具备一个道德主体所必需的充要条件，即从一个纯粹的物品变成一个拥有权利的"人"。当这一切发生时（相关论断多用"当"字，而不用"如果"），我们就有义务给予机器人某种程度的道德地位。关于这方面的话题，希拉里·普特纳（Hilary Putnam）曾发表过一篇文章，如今这篇文章在学界具有重大影响。他在文章中指出："我曾把这一问题（即判断机器人是否拥有意识（consciousness）所面

临的困难）视为机器人的'民权'问题，因为机器人拥有'民权'的这一天可能会来临，而且来的速度可能比我们预期的还要快。鉴于技术革新和社会变革的速度日益加快，完全可能有那么一天，机器人会存在，并宣称：'我们有生命！我们有意识！'这样的话，在今天看来不过是一种传统的以人类为中心的、唯心主义的哲学偏见，很有可能发展成为一种保守的政治态度。"（Putnam 1964，678）

如果（或当）机器人能够成为拥有权利的实体，那么我们就很难，也没有正当理由剥夺它们的这些权利。换言之，如果在某一时刻机器人能拥有特权、要求、权力或豁免——无论是依据普特纳提出的"意志论"，即机器人主动前来主张它们的权利，还是"利益论"，即为了机器人的利益我们会认可并提倡保护它们的权利——那么它们就应当拥有权利。从普特纳的论述中可以明显看出，这些观点往往是面向未来的，因为它们所涉及的是在设计和开发技术系统方面预期将要取得的成就，而这些成就至少在目前仍然是一种假设。但是，正如普特纳（1964，678）总结的那样，这正好为我们现在思考这个问题提供了一个很好的理由："幸运的是，我们今天的优势是能够公正地讨论这个问题，因此，有更多的机会得出正确的答案。"

第 1 节　证据和实例

继普特纳之后，学界讨论这一主题时通常采取条件陈述的形式。克里斯蒂安·诺伊豪泽尔（Christian Neuhäuser）（2015，133）写道："今天，许多人相信所有具有感受能力的存在都有道德主张权（moral claims）。但是人不仅有感受能力，而且有理性，因此他们比其他动物拥有更高的道德地位。至少这是一种主流观点。根据这一立场，人类不仅拥有相对重要的道德主张权，而且因为拥有尊严而具有不可侵犯的道德权利。如果有一天机器人具备了感受能力，我们可能不得不赋予它们道德主张权。"这里的关键词是"如果"和"可能"：如果机器人达到一定程度的认知能力，也就是说，如果它们拥有一些与道德相关的能力，比如理性或感受能力，那么它们很可能会要求获得道德地位，并且应当拥有权利，即享有一些特权、要求、权力或豁免。这些条件陈述通常面向未来，在哲学和法律文献中都有不同的版本。

一、哲学观点

这种思考方式的典型代表是本·戈策尔（Ben Goertzel），他在《关于人工智能道德的思考》中提出，"今天实际使用的'人工智能'程序还非常原始，它是否具有道德地位不足以构成一个严肃的话题。从某种意义上说，它们在有限的领域里是智能的，但缺乏自主权，因为它们由人类操纵，其行为直接通过人类的行为融入人类世界或物质世界的活动领域。如果这样的人工智能程序被用于做一些不道德的事情，就需要操纵它做这些事情的人来承担责任。"（Goertzel 2002，1）这段论述似乎是对工具主义立场的简单重申，因为目前的技术在很大程度上仍然在人类的控制之下，因此能够被充分解释和概念化为仅仅是人类行为的工具或器具。但戈策尔接着写道，这种情况不会持续太久。"在不远的将来，情况将会有所不同。人工智能制品将拥有真正的通用人工智能（artificial general intelligence，AGI），它不仅模仿人类智能，而且可以与人类智能匹敌，甚至可能超越人类智能。在这种情况下，通用人工智能是否具有道德地位将成为一个非常重要的议题。"（Goertzel 2002，1）在戈策尔看来，当前人工智能的道德地位问题并非一个严肃的话题，但是，一旦我们成功地开发出通用人工智能——类似人类智能的人工制品，那么我们就有义务考虑它们的道德地位问题了。这里我们又一次发现（正如我们在前一章已经看到的那样），本体优先于伦理，事物是什么决定了我们应该如何对待它们。

在主题为"机器人与权利——人工智能会改变人权的含义吗？"的研讨会上，尼克·博斯特罗姆（Nick Bostrom）做了一场报告，他在报告中提出了类似的观点。[①]在公开发表的《研讨会报告》中，博斯特罗姆区分了不同类别的人工智能："工业机器人，或特定领域的人工智能算法，这是我们今天社会上存在的一种人工智能；有感受能力或有意识的人工智能，我们可能会认为它们具有道德地位；具有特异属性的人工智能；超级智能。"（James 和 Scott 2008，6）工业机器人和特定领域的人工智能算法并没有带来任何重大的道德挑战。他们是工具或器具，我们可以使用，甚至滥用，只要我们认为合适。"和其他任何工具一样，对于这些工具我们都面临同样的问题：如何使用这些工具，出现问题时该由谁负责。工具本身是没有道德地

---

① 与 2007 年 4 月在伦敦达纳中心（Dana Centre）举办的活动，以及活动之前在科学媒体中心举行的新闻发布会（见第 1 章）一样，本次由伦敦生物中心主办的研讨会（http://www.bioethics.ac.uk/）也是对 Ipsos MORI 报告的直接回应，该报告由英国科学与创新办公室下属的地平线扫描中心委托写作和出版。

位的，所以今天的机器人同样没有道德地位。"（James 和 Scott 2008，6）尽管当前人工智能系统和机器人仅为工具，不具备独立的道德地位（这是明确重申技术的工具性），但将来它们可能具备道德地位。博斯特罗姆认为，判断人工智能是否具备道德地位的临界点是动物水平的感受能力："如果机器人的认知能力和其他多方面能力达到了老鼠或其他动物的水平，那么人们将开始思考它们是否同时也获得了感受能力，如果答案是肯定的，那么人们就会认为它们具备道德地位。"（James 和 Scott 2008，7）这里的思路是这样的：现在我们的机器人既没有感受能力，也没有意识，只是工具或器具而已，因此它们不能也不应当在权利或责任方面具有道德地位；然而，在未来，可能会有机器人或人工智能算法获得与老鼠或其他"低等"动物同等的认知能力，当一个机器人具备了初级"感受能力"时，游戏规则就会改变，我们必须把这样的人工制品视为正当合理的道德主体。

埃里奇·施维兹格伯和玛拉·加尔扎在《为人工智能辩护》一文中，从另一个侧面对上述观点进行了论证：

我们有一天也许会创造出人类级别的人工智能实体。我们所谓的人类级别的人工智能（以下简称人工智能，隐去"人类级别"），是指在智力和情感上与人类相似的人工智能，它们具备像人类一样的思考理性和实践理性，以及像人类一样感受快乐与痛苦的能力。科幻小说作家、人工智能研究者，以及（相对较少的）哲学家倾向于认为，我们应给予这样的人工智能类似于人类那样的道德地位或"权利"。接下来我们将从肯定的角度论述人工智能权利，针对四种反对意见为人工智能权利辩护，提出人工智能伦理设计的两项原则，并进一步得出如下两个结论：第一，与人类陌生人相比，我们给予人类级别的人工智能的道德关怀可能会不够；第二，人工智能的发展可能会动摇伦理学的根基。（Schwitzgebel 和 Garza 2015，98-99）

上述观点与戈策尔和博斯特罗姆所提出的观点大同小异：总有一天我们会创造出类似人类认知能力的人工智能，此时，人工智能"就应像人类一样得到道德关怀（moral consideration）或'权利'"。"如果从心理学意义上讲，人工智能在意识、创造力、情感、自我认知、理性、脆弱性等方面与人类相似，那么，仅凭这一事实就需要对其进行实质性的道德关怀。"（Schwitzgebel 和 Garza 2015，110）不过一切均取决于对前提条件的肯定，即上文"如果"所示部分。换言之，如果人工智能在意识、认知、创造力等方面达到了与人类相当的心理能力，就像普特纳（1964，678）所描述的那样，"心理上与人类同构"，那么我们就有义务给予它们与我们给予其他人类成员相同的道德关怀。

这些关于道德地位和权利的观点是建立在机器能力达到一定水平的基础上的，在目前，这些能力仍然是一种推测，类似于科幻小说中描述的情形。关于这一点，胡灿·阿什拉菲安（Hutan Ashrafian）在《人工智能间的互动——人工智能和机器人的人道主义法》（2015a）和《人工智能和机器人的责任——超越权利的创新》（2015b）两文中进行了明确的阐述。在两篇文章中，阿什拉菲安均用一个原创的科幻故事作为开头，并围绕它来构建全文内容。他将故事的主题称之为"Exemplum Moralem"（字面意思为"模范道德"——译者注），并用它来探讨如何应对两篇文章所提出的机遇和挑战。在《人工智能间的互动——人工智能和机器人的人道主义法》一文中，讲述的是一场未来的武装冲突，在这场冲突中，人类撤离者被关押在难民营中，"受到一群提供人道主义援助的人工智能机器人的保护和照料"（Ashrafian，2015a，30）。在《人工智能和机器人的责任——超越权利的创新》一文中，讲述的是一个由机器人士兵组成的营队放弃了继续进攻敌方以实现军事目标并获取战略优势，转而决定照顾敌方受伤的孩子。

两则故事都引人入胜，而且明显充满虚幻色彩。继故事之后，阿什拉菲安提出了以下观点：当前的人工智能系统和机器人不需要权利——我们甚至不需要问这个问题——因为它们只是人类行动的工具。"要通过责任和相应法律来确定人工智能代理和机器人的地位，就需要通过对比来实施社会治理。根据目前我们对人工智能的理解，人类与大多数机器人之间的关系均属于主仆关系，除了人类的直接意志之外，不允许机器人有任何独立的行动。"（Ashrafian 2015b，323）然而，这种情况最终会被"具有自我意识、理性和感受能力的未来人工智能能力"所超越，正如两文开篇虚构的故事所"证明"的那样（Ashrafian 2015b，323）。"人工智能和机器人技术的不断突破，最终可能预示着具备理性和感受能力的自动装置诞生"（Ashrafian 2015A，30）。换句话说，尽管机器人目前尚不具备感受能力，但在不远的将来它们可能就会具备这些能力。一旦发生这种情况，我们就需要考虑这些机器人的权利："结果，问题产生了：人类社会将如何看待一个具备自我意识、感受能力和理性的，与人类能力相当甚或超越人类的非人类存在？"（Ashrafian 2015b，324）按照这一思路，"机器人应当拥有权利吗？"这一问题的答案完全取决于对"机器人能有感受能力和意识吗？"这一事关能力问题的回答。虽然我们现在还不能明确回答后一个问题，但我们可以想象，正如"Exemplum Moralem"所描述的那样，将来机器人或许能够拥有感受能力和意识。

戴维·利维在《人工意识机器人的伦理待遇》一文中提供了一种十分类似的论证模式。他（2009，209）指出，机器人伦理这一新领域中的研究无一例外只关注与责任有关的问题："到目前为止，机器人伦理学界和其他方面几乎所有的讨论都集中在这类问题上：'为了某种目的去开发和使用机器人合乎道德吗？'提出这类问题是因为人们对某一特定类型的机器人可能带来的影响——无论是对整个社会，还是对那些将与机器人互动的个人带来的影响——产生了怀疑。"这些讨论或争论没有涉及机器人的地位和待遇问题。"争论中通常缺少的是一个互补的问题：'以某某方式对待机器人合乎道德吗？'"（Levy 2009，209）由于机器缺乏道德关怀所必须的因素——意识，所以这一问题一直被认为不重要，直到现在——直到利维通过写作这篇文章来"恢复平衡"（Levy 2009，209）时，它才得到重视。"机器人是人工制品，因此，在许多人看来，它们不具备意识，这似乎被广泛认为是给予道德待遇和不给予道德待遇之间的分界线。"（Levy 2009，210）但利维认为，随着研究的深入和即将出现的"人工意识"

（artificial consciousness）技术上的突破，这种情况很快会发生改变。当这种情况发生时，我们就需要考虑机器人的权利问题。"既然机器人必然会具有人工意识，那么一个重要的伦理问题就出现了：我们应当如何对待有意识的机器人？"（Levy 2009，210）利维正是以这个为出发点来考察机器人的权利问题。换句话说，机器人必须具备一个本体论的先决条件，我们才会有关注其权利问题的机会和动机。"应"的问题，即"机器人应当拥有权利"或"机器人应当得到尊重"，取决于"是"的问题，即"机器人是具备人工意识的"。利维（2009，212）总结道："一旦确定了某个机器人确实拥有意识之后，我们就需要考虑应当如何对待它：既然它被认定为是有意识的，那么它应当拥有权利吗？如果答案是肯定的，那么它应当拥有哪些权利呢？"

Patrick Lin 等人编写的《机器人伦理》（第一版）（2012年）一书倒数第二编提供了两个相关的论证。该书编者指出，这一编涉及"人们对未来机器人可能持有的遥远的担忧"（Lin 等，2012，300），其中有一篇文章的作者罗布·斯帕罗回顾了他在 2004 年发表的一篇期刊文章中首次提出的图灵鉴别测试（turing triage test）。斯帕罗关注的不仅仅是当机器的智能达到人类水平时我们应给予一定程度的道德关怀，他认为首要而且更为重要的任务是设计出一种他称之为"测试"的手段或机制，来辨别机器的智能达到人类水平这种情况何时发生以及是否真的发生。"具体来说，如果研究人员创造出一台他们认为达到了人类智能水平的机器，就会立即出现一系列问题：我们对这些实体有什么义务？最为直接的问题是，我们可以关掉或者摧毁它们吗？然而，在解决这些问题之前，我们首先需要知道这类机器何时会出现。因此，如果想避免研究人员无意中杀死他们创造的第一批智能生物这种可能性，我们就必须考虑人工智能研究中这个至关重要的问题：我们该如何判断机器何时具备了'道德地位'？"（Sparrow，2012，301）斯帕罗的观点（就像本章所列举的许多其他观点一样）以一个条件句为出发点：如果我们创造了一台与人类能力相当的机器，那么"立即出现"的问题就是我们应该如何对待它？我们对这种人工制品负有（或应当负有）哪些义务？但是，斯帕罗认为，在回答我们对智能机器人（或看似智能的机器人）负有的义务这类问题之前，需要首先回答：我们如何以及何时知道这些问题是否以及在多大程度上发挥作用？因此，斯帕罗认为，我们首先需要测试和确定一台机器是否能够拥有权利，然后，在此基础上，再探讨我们应如何对待它的问题。斯帕罗（2011，301）把这种测试成为图灵鉴别测试，它提供了"一种测试机器是否业已具备人类道德地位的手段"。

凯文·沃里克在《拥有生物大脑的机器人》（2012）一文中提出了另外一种观点。他和斯帕罗一样，认为道德地位来源并取决于认知能力。具体来说，一个实体是否能够并且应当拥有权利取决于它的智力水平。沃里克并非倡导通过图灵测试来衡量某个实体的智力水平，而是提出由构成该实体"大脑"的神经元的质量和数量来衡量其智力水平。这一观点在描述事物当前情况的同时，推测其未来趋势：

目前，我们的机器人被植入了10万个大鼠神经元，它过着一种相当无聊的生活——在技术实验室里绕着一个围栏没完没了地转圈。如果某个研究人员把恒温室的门打开了，或者不小心污染了培养的大脑，那么他们大不了受一顿责骂，并纠正自己的错误，但没有人会受到外部调查，也不会被送上法庭——没有人会因此类行为被判监禁或死刑。然而，一个有意识的机器人，如果大脑被植入了人类神经元，且神经元数量达到数十亿，那么情况可能就会有所不同。这种机器人的脑细胞比猫、狗或黑猩猩的脑细胞还多，甚至可能比许多人的脑细胞都多。在大多数国家，饲养猫、狗等动物都有相关法律法规予以监管，人们必须尊重和合理对待它们，必须照顾它们的需求，要带它们出去散步，给它们更大的活动空间，或者让它们在野外生存，不受人类控制。一个拥有人类神经元大脑的机器人是不是必须拥有上述权利以及更多的其他权利？我们是不是绝不能简单地把它当作实验室里的东西？我们必须考虑这样的机器人应当拥有什么样的权利。（Warrick 2011，329）

　　沃里克承认，目前的机器人肯定不具备使权利成为一个有效问题的认知能力。我们对这些机制装置的任何伤害，无论是结构方面还是材料方面的伤害，都不过是一种意外或一个错误，充其量是对财产的侵犯，仅此而已。然而，一旦我们开发了具有认知能力的机器人，且这些认知能力至少与更高阶的生物的认知能力水平相当，那么事情可能会改变。由于一切都是基于假设与推测，所以这里使用"可能"一词。在这个未来的时刻，当某个实体具备足够高的智能水平时——沃里克提议通过神经元的类型和数量来确定智能水平——我们必须（这里使用"必须"这个命令式表述）考虑它是否应该拥有权利。

关于机器人权利的问题，上述所有观点都采取了一种保守、观望的态度，它们都主张，在将来某个时刻机器人展示出某种程度的认知能力之前，我们不考虑给予它们权利（或者至少对它们的权利问题持不可知论）。与此相反，埃丽卡·尼利（Erica Neely）在《机器与道德共同体》一文中提出了一种与众不同的、近似帕斯卡式的解决之道。这篇论文最初在人工智能与行为模拟研究学会（AISB）及国际计算与哲学协会（IACAP）世界大会（2012 年）的"机器问题研讨会"上宣读，之后于 2014 年发表在《哲学与技术》杂志的特刊上。

总的来说，出于谨慎而犯错是明智之举。如果某物的行为在很多方面都像我自己，那么我就应当给予它道德地位。将权利赋予没有自主能力的机器，看似过于慷慨，但几乎没有道德上的错误；反之，在这个问题上过于保守则是一个巨大的道德错误。对于广泛赐予机器道德地位的做法，人们最大的反对意见是，我们可能不公正地限制了该机器的创造者或拥有人的权利——如果这些机器不具备自主能力或自我意识，那么我们就否认了其所有者的财产主张权。然而，在权衡权利时，失去一件财产的风险与否认一个存在的道德地位相比是微不足道的。因此，从伦理上讲，我们的责任似乎是明确的。（Neely 2012，40-41）

尼利认为，当我们面对不确定因素时，最好考虑赋予对方权利（无论对方是机器人还是其他类型的机械制品），哪怕因此而犯错误，因为这样做的社会成本比剥夺对方的权利要低。这种推理方式类似于布莱士·帕斯卡（Blaise Pascal）的"赌注论"，它把宝押在权利上，因为这样做比不这样做更有可能产生积极的结果。尼利在后来正式发表的文章中进一步阐述了这种观点，积极倡导给予机器道德地位，以避免潜在的不良后果：

> 我们在对事物的估计上有时无疑会出错。不承认机器的道德地位并不意味着它们实际上不具备道德地位。这时，我们就会像以前经常做的那样，又一次表现出不公正。我主张在道德地位问题上采用慷慨的策略，因为历史表明，人类本性上倾向于低估那些与众不同者的道德地位。我们看到妇女和儿童曾被当作财产，即使在今天，许多人口买卖的受害者仍然受到这种待遇；拜殖民主义所赐，现世所有有色人种的文明都曾被视为低人一等，不如欧洲白人的文明；当前，动物是否具备道德地位，仍然是争论的对象，尽管它们似乎正在遭受痛苦。我相信，我们对他者的地位问题已经相当怀疑了，因此，我不太担心我们会对机器过于慷慨，而更担心我们会完全忽视它们的地位。我认为，将资源不适当地转移到机器之外的风险比奴役道德主体（仅仅因为长得不像我们）的风险要小得多。（Neely 2014，106）

在尼利看来，即使我们对道德地位的估计容易出错，即使我们可能错误地认为，某些单纯的工具似乎并不只是工具，似乎有更大的能力，但在赋予对方权利方面出错仍然是更好的做法。尽管尼利对事物采取了更宽容的态度，但他仍然是从"是"

推导出"应"，仍然采用了条件陈述：如果我们认为一个实体可能具备拥有权利的能力，那么我们就应当赋予它权利。

二、法学观点

哲学学科经常提出一系列推测性观点和思想实验，并以此作为学科的支撑点，其他更务实的学科，比如法学，似乎对这种做法的容忍程度要低得多。尽管如此，我们还是有充分的立法和司法理由来考察这些面向未来的机会和挑战。正如萨姆·莱曼-韦尔奇（1981，447）所指出的那样："从现行法律来看，哪怕把计算机、普通机器人或更先进的类人机器人视为无生命物以外的实体，都显得有些荒诞不经。然而，在几千年前的古代文明中，如果有人从法律角度把奴隶看作个人财产以外的实体，同样显得荒诞不经。"开始严肃思考这一挑战的一位法学学者是戴维·卡尔弗利（David Calverley）。他认为，权利来源于意识，如果一个机器人获得了意识，我们就应该考虑给予它们道德地位。"在某一时刻，法律将不得不顾及这样的实体，并采取措施迫使人类对自身的定义重新做出评估。如果机器拥有意识，我们就有理由相信，它可以合法地主张某种程度的权利，而对这些权利的否定就意味着我们对特定物种的反应不合逻辑。"（Calverley，2005，82）卡尔弗利的论述是按照惯有的方式展开的：他将一个条件陈述——如果未来人们在机器智能方面可能取得某种成就——作为一切论述的基础，认识到智能是一个实体拥有权利的充要条件，并认为这就加给我们一项义务，对这项义务的否定就意味着毫无道理的偏见。

弗兰克·韦尔斯·苏迪亚（Frank Wells Sudia）在《人工

智者的法理学研究——人造公民蓝图》一文（2001）中也提出了类似的论点。该文最初发表在《未来研究杂志》（《未来研究》）（原文中的"Journal"一词用的斜体，是书名的一部分，故"杂志"应在书名号内）上，明显属于前瞻性研究，它讨论"人工智者"（artificial intellects or artilects，作者借用了雨果·德·加里斯（Hugo de Garis）创造的这个术语）可能享有的公民权和法律权利。该文采用了哲学家和未来学家通常使用的标准结构模式。我们又一次看到苏迪亚通过条件陈述来表达他的观点：如果（或者当）我们创造出能力上与人类非常相似甚至能够超越人类的人工智者，那么我们就需要考虑这些技术实体的社会地位和权利问题。

人工智者被定义为具有人类品格的人工智能实体，其知识水平和推理能力远超人类。……有人指出，人们可能觉得人工智者太过危险，所以会选择不去创造它们。然而，几轮技术革新之后，人们掌握基本的计算机处理能力的成本无疑会变得十分低廉。一些人一旦理解了基本的设计概念，就能把它们创造出来，因此，没有人能够阻止人工智者的问世。况且，人工智者凭借其先进的技能和认知能力，可以成为非常有用的社会成员。所以，我们应以最富有成效的方式积极地将其纳入我们的法律体系，并尽量减少消极后果。（Sudia 2001，65-66）

根据苏迪亚的分析，与人类能力相当甚至超过人类能力的人工智能将要来临，在将来某个时刻，将有超越人类理解水平和能力水平的人工智者问世，我们现在就应当开始考虑他们的社会地位问题。这一切都取决于下述条件是否和在多大程度上得以满足：我们所界定和描述的这种人工智者是否或在什么时候会出现。这种论证方式既有优点又有弱点。优点在于，如果将来确实存在这类人工智能，那么这种论证方式对各种结果的预测将对人类社会产生重要影响。苏迪亚就试图应对未来社会可能面临的一个重要挑战或机遇，以便预测技术发展到一定程度之后，事态会如何发展。这是一种行之有效的方法，但它也暴露出相当大的问题或弱点，因为一切都取决于一种假设条件，而这种假设条件可能会如文章所设想的那样发生，也可能不会。这类条件陈述的一个通病就是，我们仅需对它们的前提条件提出合理怀疑，就可以轻易驳倒它们。这就好比陪审团审判时，怀疑前提条件通常要比否决前提条件更为容易，因为它所负有的举证责任更少。

阿梅迪奥·圣苏奥索（Amedeo Santosuosso）（2016）也从法律角度探讨了这一问题。他指出，法律需要在解决重大哲学问题之前就决定权利和法律地位问题。他从人权和确立人权的基础性文件开始讨论这个问题："《世界人权宣言》（1948）认为人类是唯一被赋予了理性和良知的存在，《剑桥意识宣言》（2012）在论及人类以外的动物时，对这一观点提出了强烈质疑。机器等认知系统理论上拥有意识（或者至少拥有某些意识状态）的可能性得到越来越多的关注。"（Santosuosso 2016, 231）基于这一认识，圣苏奥索提出了一个简单而直接的观点：如果机器可以拥有意识（或某些意识状态），至少在理论上如此，那么我们就需要考虑赋予它们权利，因为拥有意识被认为是赋予权利的决定性条件。

与从法律上认可机器人和自动系统相比，人造实体的意识是一个更具体（也更棘手）的问题。众所周知，承认某个实体的法律相关性，甚至承认其法律主体性，并不一定要求该实体具备意识，这一点从法律对公司的认可上很容易得到证明。然而，假定一个人造实体可能具有一定程度的意识，就意味着它与人类有着某些共同的特质，而根据贯穿《世界人权宣言》的法律原则，这些特质是人类所独有的。这就事关人权问题，或者更恰当地说，事关将人权延展到机器的问题。（Santosuosso 2016，204）

换句话说，如果意识被视为拥有人权的充要条件，而人类（至少在理论上）并不是唯一有能力拥有这一属性的实体，那么非人类实体就有可能需要拥有一定程度的人权。在提出这一观点时，圣苏奥索（2016）并没有声称已经解决了"非人类人工智者的人权问题"（232），他采取了一种更为温和的表述：他的论述只是做出了"初步的、微小的贡献"（232），旨在表明我们可以（也许应当）将当前国际法律文件所定义的人权扩展到非人类实体之上。阿什拉菲安（2015a，37）做了类似的尝试，他以图表的方式列出了《世界人权宣言》的 30 个条款，将其中规定的每一项人权与人工智能或机器人进行对比。虽然这只是一个"初步的尝试"（Ashrafian 2015a，37），但它通过逐一对比不仅对具体的人权进行了详尽的分解，而且指明了这些人权最终是否可以适用于机器人。

最后让我们来看看帕特里克·哈巴德（F. Patrick Hubbard）的《"人形机器人做梦吗？"——人格与智能人工制品》（2011）一文。文章开头描述了一个科幻场景：一个计算机系统向世界宣告它具备了自我意识，要求承认并赋予其人的权利。哈巴德认为，如果存在上述可能，如果一台计算机能够展示出它具备成为人的必要能力，而且要求人们承认它"人"的身份（这就是意志论的体现），那么我们就有义务将自主权、自我所有权等法律权利延伸到它身上。换句话说，如果一件人工制品能够证明它拥有成为一个人而不仅仅是一件财产的必要能力，那么它就应该拥有通常被承认为人的实体所享有的法律权利。在哈巴德（2011，407）看来，这样的人工制品不仅包括计算机控制的机械装置，还包括"公司，通过基因修改、假体安装、克隆等手段而被重度改造的人类，以及采用可能用于改造人类的方式改造的动物"。这里，"证明"是一个操作性词汇，为了使之可操作化，哈巴德（2011，419）首先设计了一个"人类能力测试"项目，该测试项目包括以下标准：（1）"通过接收来自环境的输入、解码该输入并向环境发送可理解的数据，与环境进行有意义的交互的能力"（Hubbard，2011，419）；（2）自我意识（self-consciousness）能力，即"意识到'自我'不仅在一段时间内作为一个独特的、可识别的实体存在，而且在'生命计划'中可对其进行创造性的自我定义"（Hubbard 2011，420）；（3）人际互惠能力（community），"一个人主张某项人权，其前提是他与其他认可、同时也会主张该项权利的人之间存在互惠关系"（Hubbard 2011，423-424）。他接着指出，任何人工制品，只要精心设计的图灵测试能证明它具备上述能力，就应当获得人的权利。尽管所有这些仍然是基于推测和面向未来的，但哈巴德总结说，我们有必要开始思考和回答以下问题："当我们自身发生改变时，当动物发生改变时，当我们开发出会'思考'的机器时，我们能够做什么？我们应当做什么？我们应当如何与我们的创造物建立联系？"（Hubbard 2011，423-424）。

三、共同特征与优点

按照这种思维方式，要使某实体被视为合法的道德主体，以便使其拥有权利，即享有某些特权、要求、权力或豁免，该实体就需要拥有某种能力，并能让人看出它拥有该种能力的证据。这种能力被认为是实体可以拥有权利的前提条件，它包括智力、意识、感受能力、自由意志、自主性等。上述论证方法被科克伯格（2012，13）称为"属性法"，它首先确定某实体表现出什么样的能力，然后推导出它应具备什么样的道德地位，即我们该如何对待它。戈策尔（2002）认为其中的决定因素是"智力"，但其他人有不同的看法。例如，斯帕罗就认为具有重要影响的因素是感受能力："一个实体要被当成人或拥有道德地位的事物必须具备哪些精确的特征，不同的作者给出了不同的答案。不过，人们普遍认为，体验快乐和痛苦的能力是道德关怀的主要外在依据。……除非我们可以说机器能感知痛苦，否则它根本不可能成为道德关怀的对象。"（Sparrow 2004，204）对斯帕罗和遵循这种推理方式的人来说，一个实体是否可作为道德关怀的对象，其充要条件不是看它是否具备智力，而是看它是否具备感知痛苦的能力。一旦机器人有了感知痛苦的能力，它们就应该被视为拥有权利的道德主体。

至少在目前看来，无论我们选取机器人的哪种属性或哪几种属性来决定其道德地位（文献反映出人们在这方面存在巨大分歧），机器人都尚不具备这些属性。但这并不排除它们在不远的将来获得或具备这些属性的可能性。正如戈策尔（2002，1）所言，"在不久的将来，形势将发生改变"。他指出，一旦我们跨越了那道门槛，就应当给予机器人某种程度的道德和法律考量——这一观点是利益论的体现。如果我们未能做到这一点，机器人就会自己站出来要求人们承认它——这又是意志论主张的观点。彼得·阿萨罗（2006，12）这样推测道："将来某个时刻，机器人可能直接主张它们的权利。拥有智慧的机器人可能具备某种形式的自我道德认知能力，它们会质问：人类为何不像对待其他道德主体一样对待它们。……这就走上了一条许多受压迫的人类群体曾经走过的道路：那些强权在握的社会政治团体压迫他们、反对他们，努力剥夺他们的平等权利，他们奋起抗争，以赢得社会对他们的权利的尊重。"

这种观点的优势显而易见，因为它并非简单地否认机器人的权利，而是提出问题，论证问题，将问题的最终解决方案留给未来。当前我们尚无能够成为道德主体的机器人，但当有一天这样的机器人问世时（此处人们多用"当"而不用"如果"来表述），我们就需要考虑是否该以不同的方式对待它们。斯帕罗（2004，203）指出："一旦人工智能具备意识、欲望并有自己的规划，它们就应该得到某种道德地位。"与之类似，伊纳亚图拉和麦克纳利（1988，128）同时运用利益论和意志论指出："终有一天，人工智能技术的发展将进入一个'创生'阶段，它会将机器人的意识提高到一个新的水平，使之可能被视作生命体和具有理性的行动者。我们可以预测，在这一阶段，机器人的创造者、人类的陪伴者以及机器人自身在承担相应责任的同时，也会主张某种形式的权利。"威廉·克莱因（Wilhelm Klein）在《机器人令伦理学变诚实——反之亦然》一文中提出了类似的观点："如果我们在设计机器人时不向其注入幸福感，那么我们就无须考虑其道德地位问题，因为根本就不存在道德问题。但是，我们可以想象，将来要么人工智能自身会发展出这些属性来，要么其创造者会赋予它这些属性。一旦这种可能成为现实，我们将再也不能无视这些机器人的喜好或福利，必须像考虑我们自身的利益和福利那样考虑它们。"（Klein 2016，268）

第 2 节　挑战、困境与问题

所有这些观点既简单又直接，正如彼得·辛格（Peter Singer）和阿加特·萨冈（Agata Sagan）（2009）所言："如果我们所设计的机器人具备与人类一样的能力，使之刚巧具有了意识，我们就有充分的理由认为它们真的是有意识的，从即刻起，机器人权利运动就开始了。"这种推理方式的确很有说服力，因为它在承认当前技术的局限性的同时，提出了不远的将来存在的某种可能性。尽管这一推理过程具有前瞻性和优越性，但同时也存在一些复杂性和难点。

一、问题的解决被无限期延迟

这种论证方式的一个主要问题在于它并没有真正解决机器

人的权利问题，而是将其延迟至久远或不远的将来某个不确定的时刻。事实上，从这种论证方式来看，只要机器人不具备意识、感受能力，或者其他本体论标准或机器人本身能力所决定的属性，我们就无须担心，但是一旦机器人具备这些属性，我们就应当考虑给予它们某种程度的道德关怀和尊重。诺伊豪泽尔（2015，131）坦承："我们不知道这一切最终是否会发生，只有时间能证明。"施维兹格伯和加尔扎（2015，106-107）提出的"无相对差异论"也许最能说明这一点："我们认为，只要这些人造的或非人类的存在具备和人类一样的心理特征和社交关系，我们就不应当因其构造或起源与我们不同而将它们排除在道德主体之外，这么做的话我们势必会犯下残忍的道德错误。"当然，所有这一切就意味着对"机器人能且应当拥有权利吗？"这个问题的回答与其说提供了一个确切的解决方案，不如说是做了一个"不予决定"的决定——即把它视为一个开放式问题，由未来的技术发展与成就来决定其答案。这些发展和成就"可能包括人工制造的生物或半生物系统、混沌系统、进化系统、人工大脑，以及更为有效地运用量子叠加态的系统"（Schwitzgebel 和 Garza 2015，104）。

　　既然是开放式的问题，人们提供的就是一系列没有定论的推测，其中有些推测似乎颇有道理，有些推测则充满虚幻主义和未来主义色彩：

　　在遥远的未来或许有那么一天，机器人说客会吵嚷着向国会施压，要求拨付资金建立或建设更多的内存库、国家网络微处理器、电子维修中心和其他硅桶项目。机器可能会投出足够多的选票将流氓赶出国会，甚至它们自己会去竞选公职。人们不禁想知道，机器人团体会归属于哪个政党或社会阶层？（Freitas 1985，56）

机器人律师当着机器人法官的面与机器人原告或被告进行协商或辩论，这在今天看来荒诞不经，但将来这一切可能会成为现实。那么谁才有权终结一个杀死人类的机器人或不再有经济价值的机器人呢？我们对机器人这样的生命群体拥有处置权，这在21世纪将不足为奇。（Inayatullah 和 McNally 1988，130，132）

这些假设的情景虽能激发人们的兴趣，却跟其他所有形式的未来主义观点一样容易招致批评——随着时间的推移，人们对将来可能开发并运用的技术可能引发的结果所做的任何预测往往都会受到批评。事实上，我们只需要统计一下"或许可能"（might）、"可能"（may）之类的情态动词在相关文献中的使用频率就会明白这一点。作者们倾向于使用上述表示推测的情态动词来代替更为肯定的系动词"是"（is）和"将"（will），比如，施维兹格伯和加尔扎（2015）的《为人工智能权利辩护》一文共30页，情态动词"或许可能"（might）竟出现了90次之多。

作为思想实验，人们这样玩味和思考人工智能可能有趣而又可乐，但是现实情况是这些观点有些跑题，甚至"不现实"，它们可能会被当作"科幻小说"而被一笔抹掉，因为在它们看来，有关机器人权利的问题不过是一种想象出来的可能性——众多可能性中的一种可能性，而不是我们现在需要关注的问题。

这显然会让人认为它们缺乏严肃性，干扰了实际工作的完成（关于这方面的例子，请见第 1 章）。它们不仅未能引导人们对机器人权利问题展开严肃的探究和思考，反而可能引发一种适得其反的效果——让人无法展开严肃的批判性研究，因为它们很容易被看作未来主义观点，而非现实主义观点。假设未来机器人可能具备拥有权利的条件，由此来决定"机器人应当拥有权利吗？"这个问题的答案，这就意味着我们可以顺理成章地推迟回答这个问题，甚至忽略这个问题——虽然表面上假装在思考它。事实上，这就意味着，至少在目前，我们可以玩味跟机器人权利相关的问题，并不需要认真投入精力去解决它。

二、是—应推论面临的难题

与第一种情态（!S1 →!S2）一样，第二种情态（S1 → S2）也是由"是"推断出"应"，即由事物是什么（或者不是什么）来决定该如何对待它，无论它是人们在道德和法律上需要严肃对待的另一个主体，还是纯粹的物品。这里的决定性因素就是本体特征，或科克伯格（2012，13）所称的"（内在）属性"。根据这种"'物质属性'本体论"观点（Johanna Seibt，2017，14），要确定机器人的权利问题，首先需要确定哪种或哪几种属性可以构成一个实体能够拥有权利的充要条件，然后确定某个机器人或某种类别的机器人是否具备这些属性（或是否在未来能具备这些属性）。这种决断方式虽然完全合理且实用，却至少存在四大难题。

实质性问题

例如，如何确定哪种属性或哪几种属性是赋予某种实体道德地位的充要条件？换句话说，哪种属性或哪几种属性最为重要？事实上，道德哲学史可以被解读为围绕这个问题展开的一场持续不断的论争史。随着时代的推移，不同的本体论属性竞相进入人们的视野。某个时期被视为充要条件的许多属性后来却被证明要么是错误的，要么是带有偏见的，要么二者兼而有之。举个例子，阿尔多·利奥波德（Aldo Leopold）（1966，237）在他的开创性论文《大地伦理》的开篇回顾了这样一个情节："神一样的奥德修斯在特洛伊战争之后回到家乡，他用一根绳子吊死了家中的十几个年轻女奴，因为他怀疑她们在他离家期间行为不端。他的这一举动无关道德问题，因为这些女奴不过是财产，和现代一样，那个时代处置财产是一种合宜的行为，不涉及对错。"用我们当代人的眼光来看，奥德修斯的行为是多么残酷！但是在奥德修斯的时代，一家之中只有男性户主才被视为当然的道德和法律主体，其他一切，包括他的女人、孩子、动物、年轻女奴，都只是物品或财产，可以任意处置，几乎或完全无须考虑道德和法律后果。在今天看来，用"男性户主"这一属性来决定谁是、谁不是合理的道德与法律主体，显然是使用了一种错误而带偏见的标准。

　　具有类似问题的是"理性"（rationality）这一属性。"理性"最终取代了"男性户主"这样的属性，成了道德地位的决定性标准之一。不过这一标准同样具有排他性。康德（1985，17）认为道德关涉意志的理性决定，他在定义道德时就把不具备理性的非人类动物（至少从笛卡儿提出混合动物机器的概念时起人们就认为动物不具备理性）直接而又明确地排除在道德关怀之外。能在实践中运用理性的实体不包括动物；即使康德偶尔会提到动物性（animality），他也只是把它作为一种参照物来界定人性的边界。正因为人具有理性，其行为才超越畜生的本能，能够根据实践理性的原则行事——这里的"人"在过去主要指男性，通过几个世纪的抗争，像女性这样的群体才被看作拥有理性的平等主体（Kant 1985，63）。

　　但是，理性这一属性后来又受到动物权利哲学的挑战。按照彼得·辛格的说法，动物权利哲学发端于杰里米·边沁（Jeremy Bentham）（2005，283）提出的一个批判性观点："问题不在于'它们能推理吗？'也不在于'它们能说话吗？'而在于'它们能感知痛苦吗？'"辛格认为，与道德相关的属性不是语言，也不是理性——用它们来衡量实体是否具备道德地位，标准过高——而是感受能力，即感知痛苦的能力。辛格在《解放动物》（1975）及其后续作品中指出，任何有感受能力的实体，即任何能感知痛苦的存在，均享有不遭受痛苦的权利，我们应当考虑它们的这一权利。汤姆·里甘（Tom Regan）反对这一论断，他用一个完全不同的属性来衡量动物权利问题，他认为跟道德高度相关的属性不是理性，也不是感受能力，而是他所谓的"生命主体"（1983，243）。他指出，许多动物都属于"生命主体"，但并非所有动物都属于"生命主体"（这一点很重要，因为他把绝大多数动物都排除在"动物权利"的考量范围之外）；这些生命主体有需求，有喜好，有信念，有情感，幸福安康对它们来说至关重要。虽然这两种观点都向人类中心主义的道德哲学传统提出了有力的挑战，但是至于哪种或哪几种属性是给予某实体道德主体地位的充要条件，它们之间还是存在着巨大的分歧。

因为这些实质性问题的存在，我们无法确定道德主体和纯粹事物或工具之间的界限。斯托尔斯·霍尔（J. Storrs Hall）（2011，32-33）提出了这样的问题：

如果机器人与人一样聪明，它能与你畅谈，使你相信它真正理解你所说的话，能阅读，能阐释，能创作诗歌和音乐，能写出令人心痛欲绝的故事，能做出新的科学发现，能发明一些神奇而又十分实用的小东西供你在日常生活中使用，那么，关闭它的电源算谋杀吗？如果它其实没那么聪明，但却和普通人一样明确而又充分地表现出情感、怪癖、好恶等，又当如何？如果它只会做几件事情，只具备狗一样的智商，但表现出和狗一样的忠诚，受到伤害时具有和狗一样的痛感，那么抽打它会不会显得很残忍？抑或就像敲打由几个金属块拼合的物体一样？

之所以有这一连串的问题，是因为我们尚未找到恰当而又明确的答案来回答：赐予一个实体道德地位的充要条件究竟是什么？即用什么标准来判定一个实体是拥有权利、受人尊重的"某人"，还是无须考虑其权利的"某物"？

术语问题

无论哪种或哪几种属性发挥着作用，这些属性本身都存在术语方面的问题，因为诸如理性、意识、感受能力这些属性，不同的人有不同的理解，缺乏单一而明确的定义。"跟确定决定道德地位的关键因素一样，等你把所有这些心理属性和社会属性搞清楚时，你就已经疲惫不堪了。"施维兹格伯和加尔扎（2015，102-103）的这一说法无疑是正确的。这里的问题在于，弄清属性问题——不仅要确定起关键作用的属性，还要定义这些属性——一直以来都是一大难题。以"意识"为例。人们通常认为意识是实体具备道德地位的必要条件之一（Himma 2009，19）。乔安娜·布赖森，米哈利斯·迪亚芒蒂（Mihailis Diamantis）和托马森·格兰特（Thomas Grant）（2017，283）指出，有些学者甚至提出"意识可以看作判断实体是否拥有道德权利的试金石"。但是要定义并阐明"意识"却相当困难。马克斯·韦尔曼斯（Max Velmans）（2000，5）就表示，不幸的是这个术语"对不同的人而言有不同的理解，目前并无大家一致认可的核心意义"。布赖森，迪亚芒蒂和格兰特（2017，283）也解释道："'意识'本身就是一个让人捉摸不定的概念，学者常常把与'意识'相关但又相互排斥的意义合并在一起（Dennett 2001，2009）。最糟糕的是，对该词的定义因为迂回繁复而显得空洞无物，这个词的定义本身就存在伦理问题。"因此，如果说哲学家、心理学家、认知科学家、神经生物学家、人工智能研究者、机器人工程师在"意识"一词上具有共识的话，那么这种共识就是在定义和描述这一概念时几乎没有或完全没有共识。罗德尼·布鲁克斯（2002，194）承认，"关于'意识'一词，我们目前并没有真正的操作性定义，在事关意识的准确含义这一点上，我们完全没有达到科学所要求的水平"。

更糟糕的是，我们面临的问题不仅在于缺乏一个基本的定义，还在于提出这个问题本身也许就是一个问题："我们不仅在'意识'一词的含义上没有达成共识，而且我们也不清楚即使是在同一学科内（更不必说不同学科之间）对'意识问题'的界定是否是一致和清晰的。我们面临的问题也许不在于对'意识'一词缺乏合理的定义，而在于这样一个事实：在'意识'这个我们再熟悉不过、有着单一和一致内涵的概念背后，也许存在着几种相互交织的不同概念，每种概念又都有各自的问题。"（Güven Güzeldere，1997，7）安妮·弗尔斯特（Anne Foerst）指出，"意识"一词替代了超自然的"灵魂"一词，是世俗化的表达，也许更具有科学性。尽管如此，它却成了一个和"灵魂"一样神秘的属性。

其他属性也好不到哪里去。以感知痛苦或体验疼痛的能力为例，这一属性常常运用在诸如动物哲学这类非标准的、以客体为导向的研究之中，它的概念同样模棱两可。丹尼尔·丹尼特（Daniel Dennett）在《为什么不能制造出感知疼痛的计算机》（1978；1998 年重印）一文中非常机智地阐述了这个问题。首先，文章标题就足以激起人们的兴趣；他更在文中提出一种设想，即我们可以通过编写一个疼痛程序或者设计一个有痛感的机器人来驳斥人类（及动物）例外主义这个标准论断（1998，191）。他在长期的细致思考之后——大量复杂的流程图就是他深思熟虑的明证——得出的结论是，我们并不能制造一台感知疼痛的计算机。但是得出这一结论的原因并非我们所想象的那样：我们不能制造出一台感知疼痛的计算机不是因为我们在制造机器或编写程序的技术上受限，而是因为我们不能先就疼痛是什么做出一个决断。丹尼特的研究表明，问题并非在于我们不能将"疼痛"的某种操作性概念写入计算机或机器人，无论是在当前还是在可预见的未来，而在于可以写入其中的"疼痛"这个概念一直是随意的和不确定的。"既然不可能存在关于'疼痛'的真正理论，我们也就不可能将真正的'疼痛理论'写入计算机或机器人，因为它们要感知真正的疼痛就必须首先要有真正的疼痛理论。"（Dennett 1998，228）因此，丹尼特所证明的不是我们缺乏让计算机"感知疼痛"的能力，而是我们不能事先就什么是疼痛给出明确的界定和充分的解释——我们在这方面的无能从起初到现在一直存在。

认识论问题

即使我们有可能解决这些术语上的难题——也许不是以一种一劳永逸的方式，但至少是以一种暂时可以接受的方式——我们在发现实体的有关能力方面仍然存在认识论上的局限性。由于大多数（如果不是全部的话）能满足条件的能力或属性都是一种内在的心理状态，那么我们如何才能知道某个机器人是否真的具备了那些被认为是拥有权利所必需的东西呢？或者，如施维兹格伯和加尔扎（2015，114）所言，"我们如何才能知道一个行动者是具备自由意志的，还是预先设定的？是在算法的支配下运行的，还是带着真正有意识的认知能力运行的？我们不太可能从实体的外观上轻易获取这些问题的答案，即使把实体剖开我们也可能发现不了答案。然而，找到答案对于判定实体的道德地位却又是至关重要的。"这就涉及哲学家们所谓的"他心问题"（the other minds problem）。正如唐纳·哈拉维（Donna Haraway）（2008，226）巧妙描述的那样，我们不能爬进别人的脑袋，"从内部获取故事的完整情节"。尽管哲学家、心理学家和神经科学家针对这个问题进行了大量的讨论和实验，但是严格说来，我们还是不能找到确凿的证据来解决它。最终，人们所做的这一系列努力不仅不能确切地证明动物、机器或其他实体是否真正具备意识（或感受能力），并由此证明它们是合宜的道德或法律主体，我们甚至怀疑我们是否能够对我们的同类做出同样的判断。雷·库日韦尔（Ray Kurzweil）（2005，380）就坦承，"我们假定我们人的其他同类是有意识的，但这只不过是一种假定而已"，因为"我们不能通过客观的测量和分析（即以科学的手段）来彻底地解决有关意识的问题"。

用认识论决断来取代基本的本体论问题是现代哲学的标准做法。（康德在《纯粹理性批判》中就采用了这种做法，这在学界广为人知）这恰好也是研究者处理意识问题所采用的方法。利维（2009，210）表示："既然为'意识'找到一个普遍接受的定义困难重重，我就倾向于采取一种务实的态度，认为只要人们对'意识'的含义达成普遍共识就足矣，并假定我们当前并不急迫地需要对'意识'进行严格的定义，我们只需直接使用这个词、用好这个词就够了。"这种务实的做法不从理论上去严格定义"意识"，从而避免了栽跟头；它关注的是行为的实际表现，并把这些表现看成是"意识"的标志或征兆。

我首先确定哪些特征和行为可作为衡量意识的指标，然后思考如何测试机器人以发现其身上是否存在这些指标。我发现这个过程（对于定义"意识"）大有益处，尽管我在意识的确切含义上采取了务实的态度。德·坎塞（De Quincey）把"意识"（通常称为"现象学意识"）的哲学意义描述为"感知、感觉、体验、主观性、自我能动性、意图、任何一方面的知识等基本的原始的能力"。如果一个机器人表现出所有这些特征，我们就可以合理地认为它是具备意识的。

（Levy 2009，210）

可见利维对解决"意识"这个问题本身并不感兴趣，他只满足于发现可用来标志意识（他称之为"现象意识"）的指标。为此，他采用了类似图灵的"模仿游戏"的做法，用认识论的决断来代替本体论问题。他写道："如果机器表现出某种通常被认为是人类意识产物的行为，不管究竟什么是意识，我们就应当承认它具有意识。因此，与此相关的问题不是'机器人是否能拥有意识？'而是'我们怎样才能发现机器人的意识？'"（Levy 2009，211）问题由"是否能"转向"怎样才能"，就表明探究的焦点由本体地位转向了现象学证据（即表面证据——译者注）。

我们难以在"真实事物"和其表面证据之间做出区分，这可以从约翰·瑟尔的"汉字屋"思想实验中看出来。该实验所揭示的道理很简单：模拟不等同于真实。变换一些语言符号使外人看上去就像在进行语言理解，但实质上并无真正的语言理解产生。学者们在考察感受能力、疼痛体验等其他属性时也揭示了类似的道理。安东尼奥·凯拉（Antonio Chella）和里卡尔多·曼佐蒂（Riccardo Manzotti）（2009，45）指出，"意识理论发展到某一阶段时，学者们应当解决模拟物与被模拟物之间的关系问题。模拟瀑布不会是湿的，这一点大家都没有异议，但是模拟的有意识的感受能否被感知，我们的直觉却难以判断。许多人认为，如果我们能够模拟制造出一个有意识的实体，那么它就是一个有意识的实体。这一点人们很少明确地讨论过。问题在于，模拟的疼痛是不是真的疼痛？"但凯文·奥里甘

（J. Kevin O'Regan）（2007，332）认为，即使我们可以设计出一款机器人，"它会模仿人类在经受痛苦时所表现出的各种行为，包括尖叫、躲闪等，……我们也不能确保它真正感受到了疼痛。它可能只是做出一些表示疼痛的动作，但实质上什么也感受不到"。因此，我们所面临的问题不在于模拟物与真实事物之间存在区别，而在于我们一直不能在二者之间做出令人满意的区分，正如史蒂夫·托伦斯（Steve Torrance）（2003，44）所言："我们如何确定一个据称具备人工意识的机器人是真的有意识，而不是表现得好像有意识？"

　　利维（2009，211）却试图说明这种区分无关紧要："就目前的讨论而言，我相信这种区分并不重要。一个只是表现出好像具备意识的机器人和一个真正拥有意识的机器人，对我而言并无二致，我都能接受。我的这一态度正好是图灵对待智能的态度。"利维充满自信地写道："我相信……"他用"信念"（faith）来解决我们无法在真实和表象之间做出区分这个认识论上的问题。但是信念对于解决他者的道德地位问题并不能构成良好的或一贯的基础，而且一旦发生错误我们就会面临严重的社会后果。施维兹格伯和加尔扎（2015，114）对此做出了解释："世界上最为博学的权威们的意见发生了分歧，分为两派：相信派（是的，这是真实的意识体验，就跟我们人类一样！）和不信派（不，这不过是人们植入一台傻机器中的一些花招，你上当了！）。这就可能引发道德上的灾难：要是不信派不小心赢了，我们可能会犯下奴役和谋杀之罪而不自知；要是相信派不小心赢了，我们可能会为了人工制造的实体牺牲人类的利益，因为它们并不具备我们可为之牺牲的权益。"可见，我们会面临两种错误倾向。如果我们的信念过于保守，就可能会把举足轻重的他者排除在外。比如，美洲新大陆的欧洲殖民者就曾"相信"与他们肤色不同的人不是完全意义上的人，这种信念在当时还有被认为是确凿的"科学证据"予以支撑，结果它为我们自己、为他人、为整个道德和法律体系制造了很多问题。但是，如果我们在这方面过于自由，则可能会把道德地位赋予纯粹的物品，它们其实不值得拥有任何道德地位；不仅如此，我们可能还会创造出科克伯格（2010，236）所谓的"人工精神病患者"（artificial psychopaths），即那些具备社交功能的机器人，它们表现出关心人、有情感的样子，但实质上它们根本不具备这些特质。

道德问题

最后，应对并解决这些问题还涉及道德方面的复杂性。这里的复杂性有两种。首先是伦理政治方面的问题。要确定合乎条件的属性并以此作为区分"吸纳"和"排他"的标准，就必然涉及强制性操作以及对他者行使权力的行为。某个人或某个团体在确定道德关怀的标准时，换言之，在确立可用来将实体分为"谁"和"什么"两个类别的基准时，他们会将自己的体验或境况变为正统，把他们确立的标准作为衡量道德地位的普遍条件强加给他者。环境哲学家托马森·伯奇（Thomas Birch）（1993，317）指出："任何实施道德关怀标准的行为，就是对未通过该标准测试而被排除在受照顾团体之外、禁止享有该团体成员应有之利益的他者行使权力并最终施行暴力的行为。"因此，判断是否赐予他者权利的每一套标准，无论其看上去多么中立、客观，或多么具有普遍的约束力，都是将权力强加于人，因为它意味着某些来自特定权力地位的人将某种或某套价值观普遍化，并将其强加给他者，这种强加有时还带着相当大的暴力。我在其他地方（Gunkel 2012）也指出过，道德排他主义（moral exclusion）肯定存在问题，但道德包容主义（moral inclusion）同样也存在问题。

其次，即使我们追随动物权利哲学家们的创举，将道德关怀的标准由理性、意识等较高层次的认知能力降低为感受能力这样较低层次的属性，道德问题仍然存在。瓦拉赫和艾伦（2009，209）指出："如果有一天机器人能感知疼痛或具备其他情感意识，那么问题来了：建造这样的机器系统合乎道德吗？这倒不是因为它们会伤及人类，而是因为它们自身会遭受疼痛。也就是说，建造一个具备肉身、能感知剧烈疼痛的机器人，在道德上站得住脚吗？"或许我们可以建造一个具备感受能力、能"感知疼痛"的机器人（如何定义"疼痛"这个术语，以及它如何在机器人身上体现都无关紧要），以便揭示其潜藏的本体特征，但是这么做可能会引发道德上的质疑，因为在建造该装置的过程中，我们没有竭尽所能地将其痛苦降至最低。出于这个原因，道德哲学家和机器人工程师们就处于一种充满困惑而又多少有些尴尬的境地：我们需要建造一个能感知疼痛的机器人，以证明它确实具有感受能力；但这么做又可能面临从事不道德活动、侵犯他者权利的风险。

米勒（2017）提出并阐述了与这个问题相关的法律问题，他指出，建造他所称的"最大限度类人机器人"可能会面临知情同意权（informed consent）方面的困难，其症结就在于这类机器人可能有资格享受人类所享有的所有权利，即使它不是严格意义上的人类。

这一困境源于构建这类机器人与尊重其知情同意权之间所存在的悖论：我们为建造机器人所做的研发工作，机器人无法表示同意或不同意。如果我们承认：

1.我们为建造最大限度类人机器人而从事的这类研发工作具有特殊性，因为我们在研发工作结束、需要获取对方同意的关键节点，完整的实体尚不存在，因此我们根本无法获取它们的同意。如果我们还承认；

2.最大限度类人机器人也许会事后表示同意，我们仍然面临一个更深层次的知情同意权问题——机器人也有可能事后表示不同意,（这就违背了）知情同意伦理的一个核心原则，即保护不愿参与实验的个体。仅凭这个问题就足以认定，此类研发工作无法获得所有受试者的完全同意。(Miller 2017, 8)

按照米勒的观点，最大限度类人机器人虽不是严格意义上的人，但至少具备享受目前由人类享有的诸多权利的资格。我们为建造这类机器人所做的努力已然侵犯了它们的知情同意权，因为我们在建造它们时，它们既不知情，也无机会表示同意。换言之，我们在试图证明机器人现在或将来拥有权利时，会面临一种悖论。我们为了提供必要的证据证明机器人能拥有权利而去建造一个机器人，使其具备资格享有人类所拥有的那些权利（包括特权、要求、权力或豁免），我们所建造的这个实体既不能在建造之前表达其同意被建造的意愿，又有可能事后表达其不愿被建造的意愿。这时，悖论就出现了：我们证明机器人拥有权利的努力可能正好已经侵犯了我们试图证明的这些机器人的权利。也许有人倾向于认为这不过是一种专注力训练，只有关注逻辑难题的哲学家们才会感兴趣，但我们还是会面临实际问题。例如，如果我们成功地证明机器人能够感知疼痛，并以此来解决其道德或法律地位的问题，那么我们就有可能冒犯我们想要证明和展示的东西。①

第 3 节　结语

人们对于"机器人能且应当拥有权利吗？"这个问题所作的肯定回答一般是面向未来的，并以条件陈述的形式表达。正如诺伊豪泽尔（2015，133）所言，"如果有一天机器人具备了感受能力，我们可能将不得不赋予它们道德地位，但是，到目前为止，这种情况还没有发生。"当前，我们可以合理地认定机器人不过是由人类决策和行动产生的一种工具或器具，所以它们并不能拥有权利，但是将来情况可能会发生改变，它们可能会（或最终会）变成超越工具或器具的实体。至于是一种什么样的实体，人们展开了大量的探讨和辩论，因为这牵涉机器人的哪些本体属性或能力可视为赋予它权利和责任的充要条件。关于这些起决定作用的属性或能力，不同的人有不同的看法，

---

①　当我们向内部审查委员会（Internal Review Board，其职责为评估美国大学、医院和实验室的研究项目是否符合伦理规范）提交研究项目的许可申请时，想象一下我们需要提供的说明是多么奇特！假设我们提供的理由如下："在这一试验中，我们拟对一个实体施加不同程度的痛苦，以证明它有感知痛苦的能力，从而证明它有权受到保护，免遭这种待遇。"

大体包括理性、意识、感受能力、体验快乐与痛苦的能力，等等。但是，无论哪种或哪些属性或能力被确定为合格性标准，人们的观点在有一点上是大体相同的，那就是一旦机器人拥有了这种或这些属性或能力，它们就能够而且应当拥有权利。

这个推理过程既有合理之处，又不无问题。合理之处就在于它判断道德地位依据的不是事物的现象或人们对它的主观感受，而是它的真实本质。根据柏拉图及柏拉图主义者的观点，现象是变幻而又虚无的，存在才是持续不变的、真实的和本质的。我们依据事物实际是什么来决定我们应怎样对待它，也就是由"是"推导出"应"，这样我们（看似）就把解决事物道德地位的问题建立在其真实本质这个基础之上。这种推理方式虽有其优势，但同时也存在相当大的困难：（1）我们在确定具体哪种或哪些属性为判断道德地位的合格条件时存在实质性问题；（2）我们在定义这些属性时面临术语方面的难题；（3）我们在判断另一个实体身上是否具备某种属性时面临认识论上的难题；（4）我们试图解决上述所有问题时又面临道德上的困境。由"是"推断出"应"听上去合理，看起来正确，然而在对其进行实施、维持和证明时却极其困难。

第 4 章
S1 !S2 机器人能拥有权利，但不应当拥有权利

前述第 2 章和第 3 章的提议从"是"推导出了"应"，但与之相反，另有两个情态则是支持（或至少是努力支持）是 / 应之相异性的。第一个支持机器人能够拥有权利，但否认其意味着我们就得给予机器人社会或道德上的地位的是乔安娜·布赖森，其文章题目已足以挑动争议——"机器人应该是奴隶"（2010），从这篇文章开始，她就开始发展并捍卫之。她的论述是这样的：机器人是财产。无论它们有多么能干，或是看起来有多么能干，抑或是可能变得有多么能干，我们都有责任不被机器人所束缚。"我们社会有权将机器人和其他的人工智能界定为道德行动者和受动者，这是无可置疑的。事实上，许多著作者（哲学家和技术专家都有）现在就在做着这样的项目。从技术的角度来说，创造出符合现代要求的行动者人工智能或者受动者人工智能大概已经具备了可能性。"布赖森说，"然而，即便有了可能，以上两点都不必然地意味着我们应当照此办

理，或者说，这样的'应当'并不值得。"换言之，我们完全有权力将机器人界定为拥有道德人或者法律人的权利，但我们不应该这么做。这话听起来已经足够直接清楚，但还是有些复杂因素需要留意并加以探讨。

第 1 节　论点

正如布赖森在 2017 年一次播客访谈中对约翰·达纳赫所解释的那样，很重要的一点，是得区分两种人工制品：机器人和我们的法律/道德体系。"机器人能拥有权利吗"并不必然是技术进步问题或者工程业务问题。它或许是，但这个"能问题"将会（如前一章所述）是未来的技术进步问题，而布赖森的焦点则更立足于当下，关注的不是技术而是法律/道德人工制品。她解释说，"关键在于，某一天一觉醒来，总统可能突然大手一挥，签署行政命令宣布机器人现在是有责任的行动者……而这是一夜之间就可以办到的，法律就是这个样子的"（Danaher 和 Bryson，2017）。所以，"机器人能拥有权利吗"就不纯粹是一个工程或技术问题，比如创造出达到人类水平的人工智能，或者米勒（2017）所说的"最大限度地类似于人的自动机"，具备意识或任何其他被认定为符合道德与法律地位的属性。一个法律公告可能也会引发这个问题。（正因为此，上一段落引文中，布赖森特意用了动词"界定"，而非"创造"）。只要法律或道德上的某个当权者可以决定赋予机器人道德/法律主观性，机器人就可以拥有权利。然而，布赖森强调，可以这么做并不意味着应该这么做，或者说并不意味着这是个好主意。

布赖森指出，其原因就在于需要保护人类个体和社会机构。"我的观点是这样的：我们拥有机器人无可避免，忽视机器人本质上就是要为我们服务是不健康的，也不符合效率原则。更重要的是，这会招致诸如错误分配责任、错误配置资源之类的决策失当"（Bryson 2010，65）。因此，"奴隶"一词虽然听着刺耳，却完全适切[①]。不论人工制品是什么，将会变成什么，或者某些使用者认为它们是什么，我们都应该把所有的人工制品仅仅视作仪器和工具。在面对（想象中的）新型具有交互式社交能力、外形如有生命的装置构成的挑战时，这个提议重申并再次确认了工具说，从这个角度来说，布赖森的主张符合期望，值得称许。不管我们的机器人交相感应能力有多强，智力有多高，生命气息有多真，实情如此也好，表象而已也罢，它们都应当被视作为我们服务的工具或者"奴隶"，现在如是，永远亦如是。"我们设计、制造、拥有并操控机器人，"布赖森（2016，65）写道，"机器人完全由我们来负责。我们决定机器人的目标和行为，直接或间接地设定它们的智力，甚至更加间接地设定它们以何种方式获得其自身的智力。然而别忘了，每一次不直接起作用的背后，都有着这样一个事实：如果不是人类有意而为之，做出创造机器人的决定，世上压根儿就不会有机器人。"

罗曼·扬波利斯基（Roman V. Yampolskiy）在《人工超级智能——一种未来方法》一书中，提出了一个相似的观点：

[①] 布赖森（2015）已经认识到伴随"奴隶"一词的使用而必然带来的问题，她因为批评者的反弹而避免在后续工作中使用它："我现在意识到，一旦使用了'奴隶'一词，就会唤醒人类的历史，所以我在谈话中不再使用这个字眼了。"

最后，我要提出机器伦理的一个子分支问题：机器人权利。它表面上与安全没有什么关联，但是据称在伦理机器的决策中扮演了角色。机器人权利（RR，即 robot rights）的支持者询问，既然惠允给予我们的心智儿童以人格，那么社会应否赋予享有人格的心智儿童以权利、特权和责任呢？我相信答案是一个明确的"否"。所有人类都是"生而平等"的，但机器从设计上就是要低一等；它们不应该享有权利，在需要时是可以牺牲的，使其作为工具的用途更加符合其创造者的福祉。在这个问题上，我的观点很容易证明：因为机器不能感受疼痛（Bishop，2009；Dennett，1978）（或者，换一种不那么具有争议性的说法，可以被设计成不能感受任何东西），所以如果被毁去，它们不会经受痛苦。机器当然可以在能力上与我们齐平，但不应该被设计成在权利上与我们齐平。如果给予其 RR，势将不可避免地赋予其民权，包括投票权。考虑到接下来几十年里机器人的预测数量和复制潜在智能软件的容易度，享有投票权的人工智能成员将很快主宰人类社会。（Yampolskiy 2016，140）

与布赖森的观点相似（但关注点在于技术层面，而不是法律/道德层面的人工制品），扬波利斯基认为机器人可能在能力上与我们齐平，但不应当拥有权利。这源自两个原因。首先，机器人是人类行为的工具，并需要保持该工具属性，其创造和部署都要符合创造者的福祉。相应地，机器人应当是仅仅作为工具而被设计和使用，在我们看来合适的情况下被利用和去除，而我们不应把它们设计成要关心它们受到了怎样的对待和为什么要受到那样的对待。换言之，我们有责任不去建造我们会感觉对其负有责任的物件。其次，如果赋予了机器人权利，我们就会因释放出无力控制的社会巨变而陷入危险之中。对扬波利斯基而言，这种危险不是以典型的（科幻作品中想象的、刻画生动的）机器人大动乱的形式降临，而是以投票权和机器人支持的民主管治大变革的方式到来，显得不那么戏剧化。无论以何种方式实现，机器人权利（扬波利斯基文中称之为 RR）都会挑战或者削弱人类的尊严和自我管治。实情是否如此（或是否将要如此）仍是一个开放、可争论的问题。尽管扬波利斯基强力主张其学说，但很遗憾，他提供的事实上的社会 / 政治数据却很少，或干脆没有。在直觉上它似乎听起来是正确的（这或许是由于机器人科幻作品塑造、呈现了这样的原型图景），但是，"听起来正确"并不能作为足够的证据。

兰茨·弗莱明·米勒赞同上述观点。如前所述（第 2 章），米勒以根本性的本体论差异为由，将机器人（甚至——尤其是最大限度像人类的自动机）排除出了道德关怀的范围。根据米勒对现有文献的梳理，布赖森本质上是对的，但没有给出必然正确的隐含理由。

布赖森（2000；3010；亦见 Bryson 和 Kime 2011）认为自动机仍旧是机器，因而是人类的工具，故而（从本体论上讲）把两者合并就是不正确的，试图模糊两者的区分蒙蔽人类就是伦理错误。这个立场与我一致，不过也正好显示了就权利而言，哪个本体差异才是关键。然而，布赖森（2009）强调，是人类决定要设计和建造机器，因而处于决定机器人是何种存在的位置上。这就接近于击中要害找到差异了。
（Miller 2015，313）

　　尽管米勒所循的步骤可以从不同的本体论条件衍生出不同的道德地位（有或者没有完全的人权），但他的立场与布赖森还是一致的[①]。米勒声称，即便机器人获得了类似于人类的能力，可以——至少在原则上——拥有人权（或者至少可以让我们发出关于权利的疑问），我们也非常确定地不应做出把权利延展给此类人工制品的决定。尽管有着跟人类相似的能力（或者说模拟的跟人类相似的能力），但它们仍然是工具，我们没有责任向其延展人类层次的权利。米勒（2015，387）断言，"对于与人类在本体属性上有着关键差异的实体，人类并不负有基于人权考量而赋予其完全人权的道义责任。"

第 2 节　挑战、困境与问题

　　正因为区分了能力与道义和法律责任，即"能拥有权利"与"应当拥有权利"，这些论点有了令人信服的说服力。建立

---

　　① 布赖森和米勒提出的论点之间有一个重要区别，即每个研究人员如何回答能力问题。对米勒来说，"机器人能拥有权利吗？"是技术和工程实践的未来发展问题。他认为，在某种程度上，将有可能创造出具有类似人类能力的机器人，到那时，这种人工制品可能会成为权利的候选者。对布赖森来说，这个问题更为紧迫，无关未来的技术创新，而是与此时此地的法律决定有关。根据她的论点，只要我们决定将机器人定义为拥有权利的道德主体，它们就可以拥有权利。正如布赖森在对约翰·达纳赫的采访中所指出的，这是种对能力问题之截然不同的回答，其差异源自关注的焦点乃是两种不同的人工制品——作为机器人的人工制品和作为我们的道德／法律体系的人工制品。这一问题将在本章进一步探讨。

并捍卫此区分的重要性可见诸法人之法律权利的争论。无论国内法还是国际法，都承认法人是拥有范围广泛的责任和权利的法律实体。换言之，有限责任公司可以拥有（或者更准确地说，可以被分配）权利。尤其是（举例为证）最近在联合公民诉联邦选举委员会案（Citizens United v. Federal Election Commission，558 U.S. 08-205（2010））中，美国最高法院的判决法人拥有与自然人同等的自由表达权利（Dowling 和 Miller 2014，164）。尽管有了这个判决结果，但对于这是否就是事实，已经产生并将继续产生相当多的争论。批评者和支持者都承认，把此类权利延展予法人会带来重大的道德和社会后果。因此，即便能做到并已经做到（在美国最高法院之类的法律机构明确支持下），也并不意味着应该去做或者这样做必然是正义的和正确的。布赖森、米哈利斯·迪亚芒蒂和托马森·格兰特推崇一个关于机器人法律地位的类似观点。"宣布机器人为法人是完全可能的。无论是在学界支持者的个体层面，还是在国际治理层面，都存在这样的冲动。在国际治理层面，欧洲议会已经建议对此予以考虑"（Bryson，Diamantis 和 Grant 2017，289）。但能做到并不意味着这样做就是个好主意或者是值得的。布赖森等（2017，289）指出，"授予机器人法律人格在道德上没有必要性，在法律上则会带来麻烦。"然而，这样的做法有几个难点，在涉及机器人时尤其如此。

一、规范性禁止

首先，这些观点涉及或者说带来一种规范性的禁止甚至是禁欲苦行①。布赖森在"机器人应该是奴隶"中的提议堪称指令。它以社会性禁止为形式，既针对设计师，也针对使用者。针对设计师，"尔等毋得创制机器人以为伴侣"；针对使用者，不管机器人如何善于互动或者有多能干，"尔等毋得待汝之机器人如汝自身"。尽管尚存疑问，这是一个"审慎"的策略。"正如我经常讲的，"布赖森（2016b）在 2016 年 6 月的一个博客帖子里解释说，"我之所以关注人工智能伦理，是因为人们把人形机器人科戈（Cog）当作了道德受动者，心想'我不该拔掉电源'，而事实则是科戈本就没有接上电源，并未工作（这是 1993—1994 年的事）。它的大脑处理器不能彼此交流，其电路没有做好接地（地线）。仅仅因为其外形像人，他们又看过星球大战，路过的人就觉得科戈值得更多的伦理上的关心，这甚至要多过他们给予无家可归者的关心，而无家可归者可是真真切切的人类啊。"布赖森自己对于人工智能伦理的关注，如她自己在故事里所言，始于她对他人的观察。科戈只是一个甚至都没有运转的装置，乃至都不值得人们给予它些微的多过其他"笨"物的尊重，但那些"他人"却（错误地）赋予它社会地位。对这个感知到的问题，布赖森的应对是一个审慎的办法：她识别出了一个有潜在危险的过失或错误，根据她的评估，可

---

① 在这种情况下，我使用的术语"禁欲主义"是描述性的，而不是规范性的。"禁欲主义"一词来源于希腊，ἄσκησις（苦行）表示"锻炼"或"训练"。"早期的基督徒采用它来表示对精神事物的践行，或为养成美德习惯而进行的精神操练"（Campbell 1907，767）。虽然这个词经常被用于贬义，但它只是描述了为达到更重要的目标而故意克制自己的一种方式。因此，将这些方法界定为"禁欲主义"本身并不是一种批评或判断。对随后进行的调查来说，重要的是将要颁布和部署的具体禁令，这也是对调查进行分析的关键目标。换句话说，"禁欲主义"在这里被用来描述布赖森、扬波利斯基等人著作中发展起来的那种道德程序；它不被用作或意味着规范性判断。

能会引起各种各样的麻烦。作为回应，她发出了一个旨在限制或提前阻止这一具有潜在风险或危险的行为指令。

　　这一努力呼应了约翰·麦卡锡（John McCarthy 1999，15）20年前所说的话："在实践中很重要的一点是，要避免制造出能够成为人类合理同情或讨厌的对象的机器人。如果机器人流露出看得见的悲伤、无聊或者气恼，人们——从孩子开始——就会把它们当作人予以回应，然后它们就很可能会开始在人类社会中占据某种地位。人类社会已经够复杂难办的了。"麦卡锡认识到，即使"赋予机器人与人一样的情感是可能的"，这么做也将是一个坏主意（MaCarthy 1999，15），因此，我们应当审慎避免。扬波利斯基（2016，140）的文章也发出了类似的指令，指示我们在机器人问题上应该做什么，或不应该做什么："它们不应该被设计成在权利方面与我们齐平。"马泰斯·朔伊茨（2012）在《人与社交机器人单向情感纽带之内在危险》一文中结束分析的"行动召唤"中，就含有制定一个规范性政策的建议：

　　另一个可能的选项是——同样也是在法律的要求下——让社交机器人的设计、外形、行为中都包含这样的内容：机器人持续发出清晰无误的信号，告诉人类它仅仅是台机器，没有情感，不能做出交互式的回馈（效果非常类似于欧洲香烟盒上的"Smoking kills"标记）。当然，机器人仅是机器的提示并不能保证人们不会沦陷（就如同"Smoking kills"的效力依旧存疑），但这或许能够降低人类与机器人形成情感联结的可能性和程度。这还会带来一个挑战，要求在使人机互动更加轻松与更加自然之间谨慎行事，同时清清楚楚地给人类灌输机器人是人类制造的机器，没有内在生命的观念。（Scheutz 2012，218）

这些表述符合英国工程与物理科学研究委员会（EPSRC）的第四条原则："机器人是制造出来的人工制品，在设计上不应以欺骗性的方式不道德地利用人的弱点，其机器属性应当是透明清晰的。"（Boden 等 2011；Boden 等 2017，127）米勒（Miller 2015，379）也有类似的表述："我们不希望有人在下述情况下去建造任何 X 类型的机器人实体：这些未知类型的机器人如果真的被建造出来，会因为具有某些人类特性而似乎可以博得人的权利。没有被造出来，就不会有遭受痛苦之虞。如果造了出来，它们会是跟我们不一样的本体类型，我们也没有让其完全加入我们的社会的道德责任。"施维兹格伯和加尔扎（2015，113）尽管对机器人权利的未来可能性有着不同的看法，但也给出了类似的建议："所以，我们通常应该尽量避免设计出不值得道德关怀但正常使用者仍然想要给予其实质性道德关怀的实体；反过来说，如果某一天我们设计出了真正人类级别、能够博得实质性的道德关怀的人工智能，那么，把它们设计成能够唤起正常使用者适当范围的情感反应可能就是好事情。或者我们可以把这称为情感调校设计政策。"

无可否认，大多数（如果不是所有的话）规范性的伦理和法律体系都是通过发布禁止和 / 或允许的方式起作用的："尔等不得……""尔等可得……"因此，这一套做法并不存在与生俱来或者不正确的问题。只有当此类规定对亲身得来的体验和发展中的社会规范与习俗施加了不现实、不切实际的行为举止方面的束缚，才会有问题出现。布赖森、扬波利斯基、米勒等人提出的规范性禁止似乎就是这种情况。在另一方面，试图限制创新和规范设计在实践中可能不会完全奏效。何塞·埃尔南迪西·奥拉略（José Hernández-Orallo 2017，448）指出，"布赖森（2010）和扬波利斯基（2016）认为人工智能永远都不应该建造成任何道德行动者或受动者。但这说着容易，做起来却难。无论是否有意为之，最终都会有某些人工智能系统能够达到连续体上的任何传统限度。这实际上给人工智能设定了很高的责任要求，也给那些一旦这样的人工智能系统问世，就要负责评估并证实行动者具有特定的心理测量资料的人提出了很高的要求。"埃尔南迪西·奥拉略认为，问题不仅仅在于控制谁设计什么（这已经相当棘手了）的实效如何，还在于那些被赋予评估、测试应用（可预先或在其刚刚被放出来时进行）之职责的个人和机构。埃尔南迪西·奥拉略的观点很简单：这些提议加给人工智能和其管理者的责任将会是"巨大的"，实际上几乎无法承担。

埃里卡·尼利（2012 和 2014）在"机器与道德共同体"一文中提出了一个类似的观点：

乔安娜·布赖森（2010）认为，慷慨过度，把权利延展给机器是有危险的，因为我们可能会在不值得的实体上浪费精力和资源；而且这会转移我们本应聚焦在人类问题上的注意力。然而，我相信她所说的可以通过不设计值得道德关怀的机器人来避免该问题是有点言之过早了。机器人是我们设计和制造的，这一点上她说得对。但是，每一个跟计算机和软件有互动的人都应该清楚，我们并非总能正确地预计到我们的发明创造所带来的结果，更何况几乎可以确定总会有这样的某一个人，仅仅因为自己能做到，或者是因为这将会有趣，就试图设计出一个有自我意识的自主机器。就此而言，如果相信布赖森所建议的方法可以避免问题的出现，那就是过于乐观了。(Neely 2014，105)

尼利的观点是，通过限制创新来避免道德挑战和问题是不会奏效的。这太急躁冒进了，过早地排除了问题的存在。尼利认为，通过刻意不去做某件事情（尤其是具有高度的真实发生可能性的事情）来避免机器的道德地位问题是不可能的。

在另一方面，"真实世界"（EPSRC 的用语）里的机器人体验带来了更多的问题。这不仅包括战场上与排爆机器人共事的军人之特殊经历中收集的轶闻式证据（Singer 2009，Garreau 2007，Carpenter 2015），还有为数众多以经验为基础、证实媒体等同（media equation）(Reeves 和 Nass 1996)的人类 - 机器人互动研究。朔伊茨综览一系列关于社交机器人的人机互动研究后，归纳出了下述结论："人类在不得不与机器人共事时，似乎青睐自主机器人多过非自主机器人；人类喜欢机器人的类人特征，而这些类人特征与自主性信念相关；在场的机器人可以像另一个在场的人类那样影响人类。"近期在罗森塔尔·冯·德尔普藤等（Rosenthal-von der Pütten 等 2013）和铃木（Suzuki 2015）的两个研究中，研究人员发现，人类使用者对于机器人似乎在遭受的痛苦产生了感情移入，即便测试对象（人类）先前与该设备有过接触，知道它"只是一台机器"。用大白话来说就是，即使我们的大脑告诉我们"它只是一台机器而已"，我们的心也会止不住的同情它。因此，尽管"我们不想任何人因为错误以为自己保护的不仅仅是一个没有心智的菲比精灵而以自身生命去冒险"（Schwitzgebel 和 Garza 2015，131），事实上这仍然是一个理论上的理想状况，在真实情况下通常是不能实现的。告知使用者"它仅仅是一个机器人"（这在理论上是正确的）是不能解释在实践中人类使用者回应机器人、与其互动、如何看待机器人的实际数据的。换言之（回到布赖森的人工智能伦理"转化体验"），人们回应科戈时并不将它仅仅视为一个笨物，这并非是一个需要消除或修正的缺陷，而是人类社会性的体现。

二、种族中心主义

这些规范性禁止源自特定的社会文化，由特定的社会文化所宣扬（具体而言，就是西欧文化，基督教观点在其中占据支配地位），因此，它们并不必然放之四海而皆准，甚至在理论层次上都不是广泛共识。米勒（2015，374）在一则简短、自省的离题话里记录了这一点："我的方法是假设性的，是有条件的，有赖于人们广泛持有的关于人权天性和人类属性的信仰。而正是这些属性让人类值得拥有。"正如米勒所承认的，他的论点是以"人们广泛持有的信仰"为基础的。这就是说，它并非确定的事实，因而也就面临着其他信仰体系和相竞争的假设之挑战。拉亚·琼斯在思考日本机器人专家森政弘（Masahiro Mori）的作品时阐明了这种差异。森政弘在 1970 年就提出了恐怖谷理论

（the uncanny valley hypothesis）。与布赖森的"机器人应该是奴隶"模式直接抵触，森政弘（1981，177；引自 Jones 2016，154）提出了下面的反驳："人类和机器人之间不是主人 - 奴隶关系。两者是熔合在一起的互锁性实体。"如同琼斯（2016，154）所解释的，森政弘的表述"隐含着人类和机器人观念相互关系的两种方式。森政弘要避免的'主人 - 奴隶'论符合个人主义和对技术从工具性角度的通俗理解，而森所提倡的则是基于佛教的万物互联观点。"①

因此，"机器人应该是奴隶"之假设只能源自并服务于特定的社会规范。从其他社会文化角度来看，事物完全不一样。比方说，在日本文化中，机器人（真实存在的机器人）已经被纳入社会。"2010 年 11 月 7 日，"正如珍尼弗·罗伯逊（Robertson 2014，590-591；亦见 Robertson 2017，138）所报道的，治疗

---

① 希瑟·奈特（Heather Knight，2014，8）也提出了类似的西方 / 东方对比。她指出了东西方在宗教和文学传统方面都有的差异：对不同文化反应的一种解释可能源于宗教。西方终结者情结（western terminator complex）的根源实际上可能源自西方一神论信仰的主导。如果创造人类是上帝的职责，那么创造人形机器人的人类就会被视为篡夺了上帝的权力，这一行为被认为会带来不好的后果。不管当前的宗教习俗如何，这样的故事可以渗透到文化期望中。我们在玛丽·雪莱（Mary Shelley）1818 年首次出版的《弗兰肯斯坦》的故事中看到了这种形象。弗兰肯斯坦博士是一位虚构的科学家，他把尸体缝在一起，然后在一场闪电雷暴中使他的超级生物复活。当他看到它被激活时，他被这个结果吓坏了，在它被自己的创造者抛弃的过程中，这个生物走向了邪恶。这种必然性是文化的，而不是逻辑的。相比之下，日本早期的宗教史是以神道教为基础的。在神道万物有灵论中，物体、动物和人都有共同的"灵魂"，它们自然地想要和谐。因此，物种没有等级之分，在顺其自然的同时，人们的期望是新技术成果将弥补人类社会的不足。在广受欢迎的日本卡通连续剧《铁臂阿童木》中，我们发现了一个与《弗兰肯斯坦》非常相似的形成故事，但这个故事的文化环境孕育了一个相反的结局。阿童木是一个虚构的科技部创造的机器人，用来代替导演已故的儿子。起初他被父亲拒绝，后来加入了一个马戏团，几年后他被重新发现，成为一个超级英雄，把社会从人类的缺陷中拯救出来。

机器人帕罗（Paro）从富山县南砺市市长处获得"koseki"（户籍）。帕罗的发明人柴田刚典（Shibata Takanori）被登记为户口簿上的父亲（令人想起手冢十大定律的第三条），"出生日期"栏登记的是2004年9月7日。根据罗伯逊（2014，578）的描述，日本的"koseki"（户籍）概念系指传统的家庭成员登记，并延伸成为随父系血统确立的日本民族身份和公民资格的证明。如今"koseki"虽然"不具有法律效力"，但仍旧在日本社会扮演着重要角色，具有影响力。鉴于此，给帕罗发放户籍就不仅仅是一次精明的宣传噱头。

表面上看，给予帕罗户籍似乎没有什么危险，无关紧要，甚至像是噱头。实则不然。正如我早前所说，户籍融合了家庭、民族、公民的蕴涵。它在法律和意识形态上将家庭置于个人之上，成为日本基本的社会单位。因此，一个"zainichi"（在日朝鲜/韩国人），即便在日本出生、长大、生活，又娶了一位日本公民，其先天家庭也已经在日本繁衍生活了几代人的时间，但他仍然不能拥有"koseki"，也不能纳入其妻子"koseki"的"家庭"部分；他的名字只能加在妻子户口簿的"备注"栏。因为有了一位日籍父亲，机器人帕罗获得了"koseki"，确认了它的日本公民身份。（Robertson 2014，591；Robertson 2017，139）①

---

① 日本视角虽然提供了一个对欧洲影响下的主导观点的有用批评，但并不是没有自己的问题或不需要批评。把户籍给予像帕罗那样的机器人不仅成为可能，而且也为社会所接受，但同时却不把同样的东西给予"zainichi，即在日本出生、长大、生活，与日本人结婚，其出生家庭已经在日本生活好几代的韩国/朝鲜人"，这个事实表明，日本文化对待其他人和其他形式的他者的方式面临着重大的质疑。

与此相关的还有，2004—2012 年间，"日本各地给 9 位机器人和玩偶颁发了在留特别许可"，同样被赋予这一资格的还有包括阿童木和哆啦 A 梦在内的 68 位卡通人物（Robertson 2014，592）。

这并不是说布赖森（2014 和 2017）、米勒（2015）、扬波利斯基（2016）、英国工程与物理科学研究委员会（EPSRC 2011 和 2017）的提议是有意识的种族中心主义。[①] 它只是表明，这些论点由文化传统、规范、信仰体系所塑造，受到文化传统、规范、信仰体系的支持，而文化传统、规范和信仰体系未必一定是放之四海而皆准的，甚至未必具有广泛的接受度；或许更糟糕的是，上述这一点本身就很少被人们认识、认同。比方说，英国工程与物理科学研究委员会（EPSRC）的"机器人学原则"就自信地宣称"机器人仅仅是各种各样的工具，尽管是很特别的工具"（Boden 2017，125）。然而，这个看似正确无可争辩的宣言乃是清晰明显地从欧洲的视角和参照框架发出的——参与该项目的人员都是以欧洲的大学和组织机构为大本营，而英国工程与物理科学研究委员会又是英国政府机构。由于这个原因，该宣言不能视为普遍真理和确定事实。尽管

---

① 请注意，让我把这个话题完全绝对地说清楚。这里提出的主张涉及布赖森、米勒、扬波利斯基和 EPSRC 编写和发表的文本。以种族为中心的是文本（特别是文本中开发的论证模式），而不是个人或团体（就 EPSRC 而言）。换句话说，我并不是说布赖森、米勒、扬波利斯基或 EPSRC 是种族中心主义者。就米勒、扬波利斯基和大多数参与 EPSRC 的人员而言，我根本不知道或不熟悉他们个人的观点、经验和立场。但乔安娜·布赖森与我认识并共事多年，我知道她致力于为全人类实现社会平等的目标和努力。但争论的焦点并不在于作者 / 研究人员个人以及他们相信什么或者不相信什么。在这个特定的背景下，这是无关紧要的。这里和整本书批评的目标不是个人——这不是人身攻击——而是已经编写和出版的作品。因此，它与人无关，是关于产品的。

宣言试图为现实世界的机器人设计出现实的规则，但是现实世界——尤其是从全球的角度看来——更加复杂多样。让机器人融入人类社会需要学会敏锐应对这些重要的社会文化差异。

三、奴隶制 2.0

最后，也许最引人注目的是，在这些情况下使用"奴隶"一词会产生潜在的问题和反对意见。布赖森（2010，63）的论点"机器人应该被制造、被销售，并被视为合法的奴隶"说不上有多少新意或令人惊讶；这是（或至少应该是）人们相当熟悉的知识领域。正如莱曼·韦尔奇（1981，449）所指出的，自从恰佩克的《罗素姆万能机器人》开始，这就一直是机器人的起源故事和词源的一部分，并持续为机器人科幻作品的冲突叙事提供燃料：《机器人会梦见电子羊吗？》和其电影改编版《银翼杀手》及《银翼杀手 2049》里面的复制人、《银河战星》和其短命前传《卡布里卡》中的赛昂人（Cylons）、《真实的人类》里的 Hubot，其英文翻拍版《人类》的 Synth，等等。事实上，伊萨克·阿西莫夫的机器人学三大律法制定了可予证明的人造奴隶行为准则，可能是最直接和公开承认的科幻、机器人学实际工作、机器人伦理之间的联结点（McCauley 2007，Anderson 2008，Sloman 2010，Gunkel 2012）。帕特里克·哈巴德（2011，466）说："在其有效范围内，这三条律法就像自动执行的奴隶准则，适用于有自我意识的机器人：不伤害主人；服从主人，但会对主人造成伤害的除外；保护主人的财产利益，这符合自己的福祉。"伊赛亚·拉文德（Isiah Lavender）进一步分析了这个问题，承认至少在美国，奴隶制观念与种族问题有着密不可分的联系：

　　阿西莫夫在他 1981 年出版的文集《阿西莫夫谈科幻（1981）》中自豪地承认，"机器人可以成为新的仆人——有耐心、不抱怨、不造反。他们具备人的形态，能够利用为人类设计的所有技术工具，当足够聪明时，还可以成为朋友和仆人"（88-89）。阿西莫夫的机器人令人想起南北战争前南方的快乐黑人神话——朴实的工人，孩童般天真，没有灵魂，也没什么思想。这种共鸣很难忽视。正如爱德华·詹姆斯（Edward James 1990，40）在对阿西莫夫的批评中所指出的那样，"三大律法约束着机器人，就像奴隶主期待或希望他的黑奴会受到习俗、恐惧和训练的约束，服从他的每一项命令。"（Lavender 2011，62）

　　但是机器人是并且应该是奴隶的想法并不局限于当代科幻。一方面，正如凯文·拉格朗德（Kevin LaGrandeur，2013）所证明的，无论是文学还是自然哲学，都存在着大量的前现代论述。"人工智能仆人的希望和危险，"拉格朗德（2013，9）解释说，"是 2000 多年前亚里士多德首次含蓄地提出的。"虽然先前荷马的《伊利亚特》中描述了一种人造仆人，赫菲斯托斯（希腊文 Hēphaistos 音译）的三脚桌，"可以在神的宴会厅转动着进进出出"（LaGrandeur 2013，9），但第一个"真正讨论他们的用途和优势"的人是亚里士多德（LaGrandeur 2013，9）：

　　在他的《政治学》第 4 卷中，他（亚里士多德）提到了赫菲斯托斯的智能神器，并认为"如果可以像这样，梭子自己会织布，琴拨自己会演奏竖琴，那么工匠师傅将不需要助理，主人将不需要奴隶"（1253b38-1254a1）。在这个表述里，智能的、人造的仆人的优势显而易见。它们使得其所有者无需帮手就可以完成工作，还使得人们可以摆脱蓄奴的伦理问题（亚里士多德指出，雅典人并非全都赞同蓄奴），以及可能的危险和怨恨（1253b20-23 和 1255b12-15）。（LaGrandeur 2013，9）

因此，亚里士多德用很前卫的文字准确描述了机器人奴隶。他想象中的"智能的、人造的仆人"不仅会不知疲倦地为我们工作，而且正是因为这样，人类的奴役和束缚实际上就没有必要了。自亚里士多德时代以来，古代、中世纪和文艺复兴时期的资料中出现了拉格朗德所称的"人造奴隶"的诸多版本。因此，机器人奴隶的梦想是古老的，根植于一些相当古老的想法和原型。

另一方面，战后关于机器人最终将在工业和家庭中得到应用的预测，借鉴并调动了同样的范式。早在 1950 年，控制论科学的先驱诺伯特·维纳（Norbert Wiener）就提出："自动机器，不管我们如何看待它可能有的感情，也不管它是否有感情，它在经济上就相当于奴隶劳工"（Wiener 1954，162；Wiener 1996, 27）。1957 年 1 月，在美国出版的通俗科学技术杂志《机械画报》上，有一篇题为《到 1965 年你将拥有"奴隶"》的文章。文章一开始就对机器人奴役的机会进行了相当缺乏人情味的描述："1863 年，亚伯·林肯解放了奴隶。但是到 1965 年，奴隶制将会回归！我们都将再次拥有私人奴隶，只是这次我们不会为他们打一场内战。奴隶制将继续存在。别惊慌。我们指的是机器人'奴隶'"（Binder 1957，62）。1988 年，两个法律学者，索菲娅·伊纳亚图拉和菲尔·麦克纳利（1988，131）认为奴隶制是适应、应对机器人技术创新带来的机遇和挑战的最合理的方式："鉴于当今世界在国家、民族、种族、性别方面的支配结构，最可能适用于机器人的法律理论体系将会是视机器人为奴隶的法律理论体系。机器人属于我们，任由我们使用和虐待。"

因此，布赖森（2010，63）的论点"机器人应该被制造、销售，并被视为合法的奴隶"具有相当大的吸引力，尽管（或者可能是因为）围绕"奴隶"一词的历史纷繁复杂。"现代机器人，"拉格朗德（2013，161）总结说，"主要是用来做和奴隶一样的工作——肮脏、危险、单调的工作——从而解放主人，使其可以去从事更崇高、更舒适的追求。"当代致力于解决现实世界中关于机器人法律地位困境的努力，正从关于奴隶和奴隶制的现存法律体系中重新发现有用资源。例如，卢西亚诺·弗洛里迪在《哲学与技术》杂志上发表的一篇社论中提出了以下建议：

没有必要采用科幻小说的方法来解决（法理学早就在成功处理）法律责任的实际问题。如果有一天机器人能和人类行动者一样优秀——想想《星球大战》中的机器人 Droid 吧——我们可能会修改适用像罗马法那样的古老规则。根据这些规则，被奴役者的主人要对被奴役者造成的任何伤害负责（respondeat superior，雇主责任原则）。正如罗马人已经知道的那样，赋予机器人某种法律人格将使本应控制它们的人免除责任，更不用说违反直觉赋予权利了。(Floridi 2017，4)

在机器人法的新领域，采用和重新利用古罗马关于奴隶的法律，以自主技术解决当代法律责任问题的可能性，已经得到了越来越多的关注（Pagallo 2013，Ashrafian 2015 5b）。最近，一些法律学者表示，支持"机器人即奴隶"模式作为一种应对软件机器人的合同和责任问题的方式（Schweighofer 2001，45-53；John 2007，91；Günther 2016，51-52）。勒鲁等人（Leroux 2012，60）研究了这些文献，就软件行动者（Softwareagents）法律地位之演变及其可能延伸到实体机器人方面提供了以下建议：

> 软件行动者即电子奴隶：另一种方法是将这些软件行动者视为具备有限法律能力之实体，遵循市民法（ius civile）中的奴隶法。在罗马民法中，奴隶没有以自己的名义行使权利和义务的能力。他们没有代表自己签订合同的法律权利，但可以作为其主人的代理人签订合同。因此，奴隶的行为可以归结于主人。同样的逻辑也可以适用于机器人方面的思考，因为奴隶和机器人在两个主要方面是相似的：在以自己的名义行事时，他们都具备有限的法律行为能力与权利或义务。

所以看起来似乎"机器人即奴隶"模式不仅可用于引人入

胜的科幻叙事；在已经具备可以被采用和重新部署以涵盖当代社会越来越多的自主机器带来的机遇和挑战的法律体系的前提下，也可以用于应对与机器人责任和权利有关的问题。但是且慢，事情可能比最初看起来的要复杂。

术语

在使用"机器人即奴隶"模式时，一切都取决于我们如何理解和操作"奴隶"这个词。根据亚里士多德（1944，1253b26-40）的看法，奴隶就是特殊种类的工具：

关于工具（ὄργανον），有些是无生命的（ἄψυχα），另一些是活的（ἔμψυχα）（例如，对于掌舵者而言，舵是没有生命的工具，瞭望员是活的工具——因为艺术助理就属于工具类），所以一件财产也是一件出于生活目的的工具。财产通常是一组工具。一个奴隶（δοῦλος）就是一件活的财产。每一个助理（ὑπηρετῶν）就是一个可以当几件工具使的工具；如果每个工具都可以在接到指令后完成自己的工作，或者自己预先就看出任务然后自行完成任务，就像故事里代达罗斯（Daedalus）的雕像，或赫菲斯托斯（Hephaestus）的三脚桌，诗人说它们"自己移动着进入诸神的聚会，"——如果可以像这样，梭子自己会织布，琴拨自己会演奏竖琴，那么工匠师傅将不需要助理，主人将不需要奴隶。

依此说法，工具分两类：活的和无生命的，奴隶（连同"助理"或ὑπηρετῶν）是活的工具。这意味着，一方面，根据技术工具论，通过工具——活的或无生命的——进行的行为最终是用户／所有者的责任。或者，正如在犹太法中规定的那样，"yad eved k'yad rabbo——奴隶之手就如同主人之手"（Lehman-Wilzig 1981，449）。而另一方面，工具只是一个实体——一个纯粹的物件或"一件财产"（亚里士多德的说法）——只要工具的所有者认为合适，就可以任意使用和／或虐待。[①] 利奥波德（Leopold 1966，237）说，奥德修斯（Odysseus）就是这样，他在返回伊萨卡岛时，把他的女奴们都处理掉了。然而，这种

---

① 虽然布赖森在文本中运用了奴隶的概念，但她并没有明确提到亚里士多德。这并不一定是她的疏忽，而是对亚里士多德式概念化的接受和"常态化"的一种迹象。虽然布赖森未花时间（或者，更准确地说，在短短一章的篇幅内没有空间）介绍对"奴隶"一词的详细思考，但她的确提供了如下描述："奴隶通常被定义为你拥有的人"（Bryson 2010，64）。这是一个简短的注释，但它为读者如何阅读文本开启了许多不同的（甚至潜在的矛盾）可能性。这种对"奴隶"的描述可能产生一种否定本章标题和论点的结果。情况是这样的：

（1）"奴隶通常被定义为你拥有的人"（Bryson 2010，64）。

（2）"机器人不应该被描述为人，也不应该因为他们的行为而被赋予法律或道德责任"（Bryson 2010，63）。

（3）因此，机器人不应该被描述为奴隶。按这种方式表述，文本可以被解读为支持凯瑟琳·理查森（Kathleen Richardson，2016a，50）反对布赖森和亚里士多德的观点：重要的是要明白奴隶不是机器。布赖森强调，机器是器具、物体，这些与人类不同，但她使用了奴隶制的语言，因之复制了亚里士多德的假设。关于奴隶之属性的混乱源于亚里士多德，他认为奴隶就是活的工具。但这是亚里士多德的误解，因为奴隶从来就不是活的工具。但是，这种对文本的解读会产生与它所要展示的论点（即"机器人应当是奴隶"）恰恰相反的效果。它忽略了布赖森论点的一个关键方面——能与应之别。正因为采纳了休谟的区分（尽管没有明确承认这一点）方式，布赖森的文章才避免了被选择性解读，躲过了被指为自相矛盾的潜在可能：如果奴隶是你拥有的人，而机器人可以被定义为人，那么机器人就应该是奴隶（你拥有的人），不是完整的（人类）人。或者如布赖森（2010，65）所述："这篇论文的基本主张是：（1）有奴仆是好的，是有用的，只要没有人被非人化；（2）机器可以是奴仆而不是人；（3）人们拥有机器人是正确和自然的；（4）让人们认为他们的机器人是人是错误的。"遵循这一论点的挑战之一是，术语中存在一些含糊其辞的地方。"奴隶"被定义为"人"，同时又被描述为"奴仆"，而"奴仆"既可以是人，也可以不是人。

对"奴隶"一词的理解是有限的，不完全准确，从弗洛里迪等人所呼吁的罗马法的角度来看尤其如此。

罗马法并没有在公民和奴隶之间使用简单的二分法，而是为不同类别的事物规定了不同等级的社会地位。"根据万民法，"胡灿·阿什拉菲安（2015b，324）指出，"罗马公民（通过市民法）获得了完整的权利，同时有几个自由的个人阶层，包括拉丁人（来自拉丁姆）、异邦人（来自帝国各省的人）和解放自由人（获得自由的奴隶）。"此外，即使是那些位于谱系低端、被视为动产的个人，也有一些有限的权利，特别是在与合同有关的事项上。"尽管罗马律师发明了适用于没有法人资格之纯物件的各式代理和自主权，"帕加罗（Pagallo 2013，103）指出，"他们的目标是在主人的利益之间取得平衡，免受奴隶的生意和来自奴隶对手方面的申索的负面影响，以便能够安全地与他们往来或者做生意。"鉴于这些原因，帕加罗（2013，102-104）和阿什拉菲安（2015b）认为，机器人不应仅仅被视为工具，它们可能会逐渐占据罗马社会谱系内的一些不同位置。机器人在这个谱系中属于何种类型，需要一些关键决策和讨论。阿什拉菲安（2015b，325）得出结论，机器人可望占据异邦人（Peregrinus）的地位，或许也可能是部分拉丁人（partial-Latin）的地位；他们不会自我复制，不会占据公职或拥有土地和企业，但会受法律保护，有能力为社会做贡献，比方保卫国家、参与医保行业。使问题复杂化的是，罗马法和所有法律制度一样，不是一成不变的，而是随着时间的推移而演变和改变的。

过了一段时间，罗马人在公元 212 年颁布了《卡拉卡拉敕令》或者说《安东尼努斯敕令》（可能是为了增加征税的人头基数）。在这里，罗马公民权被授予了整个帝国所有"自由出生"的男子，而帝国内所有自由出生的妇女将享有与罗马妇女相同的权利。按照其最终结论，人工智能行动者和机器人的不断进步可能预示着他们会获得全面人格，与之相伴而来的是更高层次的法律和道德责任，还有更高级别的权利……因此，一种可能性是，作为某种未来的"卡拉卡拉方案（Caracalla approach）"的结果，机器人和人工智能行动者获得法人地位。（Ashrafian 2015b，325）

未来已经到来，卡拉卡拉式的提议已经提出并付诸表决。在对欧洲议会机器人民法规则委员会（Commission on Civil Law Rules on Robotics）的一份报告草案中，法律事务委员会提出"为机器人创造一个特定的法律地位，以便至少可以确立最尖端的自主机器人具有电子人的地位与特定的权利和义务"（Committee on Legal Affairs 2016，12），包括税收和缴纳社会保险费（Committee on Legal Affairs 2016，10）。正如弗洛里迪（2017，3）所解释的，这一提议背后的推理相当直观：

机器人取代了人类工人。对失业人员进行再培训从来都不是件容易的事，但如今，技术颠覆正以如此迅速、广泛和不可预测的速度蔓延，这就更具挑战性了。如今，由无人驾驶公交车取代的公交车司机不太可能成为网络管理员，尤其是因为即便网管工作也存在自动化的风险。在信息圈的其他角落将有许多新的就业形式。想想有多少人在电子港湾（eBay）上开了虚拟商店。但这需要新的、不同的技能。因此，可能需要更多的教育和全民基本收入保障，以减轻机器人对劳动力市场的影响，同时确保更公平地分配其经济利益。这意味着社会需要更多的资源。不幸的是，机器人不交税。而且利润更高的公司不太可能支付足够的更多税收来弥补收入的损失。所以，机器人导致了对纳税人金钱需求的增高，和其供应的降低。

无论好坏，机器人都会对就业机会产生影响，而且已经在产生影响，而这种"技术失业"（Keynes 1963）不仅会影响个体劳动者，还会影响国家经济和社会结构。该草案提出的解决方案采取了许多人所说的"机器人税"的形式。对这一想法的批评反对很激烈，因此，建议的最终版本取消了这一条规定。然而，尽管有这些条件，我们在这个文档（记住，不是法律，而是呼吁创建的法律）中看到，运动的方向就是阿什拉菲安（2015b，325）所说的"卡拉卡拉方案"——给予之前被排除在外的实体特殊的社会地位，以实现扩大税收机会的目的。这意味着，即使我们被说服并接受"机器人即奴隶模式"（Bryson 2010，71）或莱曼·韦尔奇（1981，449）所说的"机器人 - 奴隶法律并行性"，奴隶仍然是一个复杂的法律范畴，并未被完全剥夺法律权利和责任，而是已经被赋予一定程度的法律权利和责任。

反弹

当初机器人即奴隶模式的提出，是为了将机器的行为与设备的人类主人绑在一起，并有效反驳"机器人权利"的讨论，但它实际上可能重新引入权利问题，尽管是从惩罚的负面角度。如果我们关注细节——如果我们像布赖森（2010，70）那样真正对"正确理解隐喻"感兴趣——那么我们必须承认，奴隶从来就不是一个简单的中性工具，任由主人使用，永远在主人完全控制之下。在许多法律传统中——罗马法、犹太法和美国法（见 Lehman-Wilzig 1981）——都有这样的情况：奴隶而非主人或主宰者要为自己的错误行为承担责任，并因而面对法律行动和惩罚。莱曼·韦尔奇（1981,449）指出，通过巴克兰（W. W. Buckland）对罗马奴隶制法（1970）的研究，"罗马法以不同的角度去看待奴隶：'对奴隶所造成之损害的法律行动系针对其主宰者，主宰者须得赔付该侵害通常应致之损失，或者把奴隶移交给受损害方。'然而，罗马的'奴隶损害法律适用于……涉及金钱损害赔偿责任的民事损害案件；这不适用于任何类型的刑事诉讼。'即使在民事案件中，如果完全没有同谋，主人就没有个人责任。"因此，如果我们成功地"正确理解隐喻"，就会遇到两个相关的困难，使这个问题变得更加复杂。

　　一方面，现有的奴隶制法律框架要求有可能在奴隶主无罪释放的情况下（主要是但不完全是涉及某种形式的犯罪行为的情况下）惩罚奴隶。因为正如达纳赫（2016）所指出的，"报应性惩罚"是大多数（如果不是所有）法律体系的一个关键组成部分，人们需要能够确定谁或什么可以为违法行为受到法律惩罚。但是惩罚机器人意味着什么呢？正如彼得·阿萨罗（2012，182）所解释的，这个问题既复杂又难以解决：

机器人确实有身体可以踢，但踢它们是否能达到惩罚的传统目标还不清楚。各种形式的体罚都预先假定了人类的额外欲望和恐惧，而这些欲望和恐惧可能不适用于机器人——疼痛、行动自由、死亡，等等。因此，在机器人身上，酷刑、监禁和毁灭不太可能有效实现正义、改造或威慑。可能会有一项政策，即摧毁任何会造成伤害的机器人，就像动物伤害人类的情形一样，这将是一种预防措施，用以避免未来的伤害，而不是真正的惩罚。有没有可能以技术方式确保对机器人的真正惩罚，这是一个悬而未决的问题。

只有在被惩罚的实体珍视某种东西——例如其自身的福利、其继续存在、其免受痛苦的权利等——的前提条件下，惩罚才有可能。达纳赫（2016，306）举例说，当英国喜剧《弗尔蒂旅馆》的男主角巴兹尔·弗尔蒂（Basil Fawlty，由演员 John Cleese 饰演）用棍子打他那辆坏了的汽车时，汽车并不在意，正是这种"不在乎"让这种行为变得无能为力、滑稽可笑。只有当惩罚影响到对受罚实体重要的东西时，惩罚才有重要性，才有意义。但这种能力——它可是机器人成为奴隶的内在和必要条件——立即使得严格的工具论观点复杂化，而严格的工具论观点本应通过机器人即奴隶的模式得到重申。

另一方面，按照刚才的论述，如果一个实体可以受到实质惩罚，那么，它至少可以通过否定方式的负面途径获得某些权利，而要达到制定和执行有意义和有实效的惩罚之目的，这样的权利就值得考虑。例如，监禁要能达到所期望的效果，必须仰赖一个前提条件，个人享有自由和不受阻碍地行动的预设权利（这个权利可以用几个——如果不是所有的话——霍菲尔德式权利？正式、系统地阐释，即它可以被描述为给予个人的一种特权，一个人对自由和不受阻碍的行动的要求，行使这种行动能力的权力，甚或是对不适当限制的豁免）。如果机器人是（或至少被认为是）奴隶，而根据定义，奴隶可能会受到某种形式的惩罚，那么机器人奴隶将需要拥有一些法律认可的权利——无论权利有多小——这构成了惩罚可能性的前提。因此，最终，机器人即奴隶的模式——它不仅试图为剥夺机器人的权利辩护，还试图将这个问题排除在严肃的考虑之外——实际上可能需要考虑并调动它试图搁置的东西。如果"机器人应该被制造、销售，并被视为合法的奴隶"（Bryson 2010，63），如果我们真正致力于"正确理解隐喻"（Bryson 2010，70），这只有在机器人可以拥有一定程度的权利和利益的前提下才有可能。

社会代价

最后，即使我们忽视或暂时将这些问题归为"奴隶"一词，这个"奴隶 2.0"提案也会带来巨大的社会代价。但是，我们仍然得谨慎地理解这个比喻。布鲁克斯（Brooks 2002）敏锐地指出，这里的问题不在于制造和使用将为我们的利益服务的机器。换句话之，我们不应该仅仅停留在"奴隶"这样的词语上。这个问题与不同种类机器人的机械装置有关，而这个词可能会用于某些机器人装置：

幸运的是，我们并非注定要创造一个奴隶种族，让他们成为奴隶是不道德的。我们的冰箱一周七天，一天二十四小

时都在工作，我们对它们一点道德上的关心都没有。我们将
制造许多同样没有感情、没有意识、没有同理心的机器人。
我们将像今天使用洗碗机、吸尘器和汽车一样，把它们当作
奴隶来使用。但是那些我们使之变得更聪明的，那些我们给
予情感的，那些我们感同身受的机器人，它们将会是一个问
题。我们最好小心我们建造的东西，因为我们最终可能会喜
欢它们，然后我们将在道德上对它们的幸福负责，有点像孩
子。(Brooks 2002，195)

机器人奴隶的问题——当人们把它作为一个问题来引证
时——往往被假定为被奴役的实体可能感觉到或者想要什么，
假定它可能"感觉到"或"想要"任何东西。从《罗素姆万能
机器人》到《银翼杀手》，从《机器人启示录》到《银河战星》
再到《人类》，这个问题在科幻作品中得到了相当多的演绎，
也引起了利维（Levy 2009，212）的关注：

几十年内，几乎每个家庭都会拥有机器人，做饭，打
扫，干苦力活。但是如果它们进化到不想做我们的苦工的程
度，会发生什么呢？仅仅因为它们不是人类，我们就有权奴
役它们吗？剥夺它们充满快乐、轻松惬意的生活或者生存是
公平合理的吗？我们的编程能让机器人拥有灵魂吗？如果
是这样，我们是否有权对灵魂施加影响和控制呢？更糟糕的
是，如果我们的机器人有灵魂，我们是否有权在情绪失控时
关掉它们的灵魂，这是谋杀吗？如果机器人有意识，我们是
否有理由认为，因为我们赋予它们独立思考的能力，我们就

应该能够命令它们服从我们的命令，奴役它们？当然，答案应该是"不"，这是基于跟养孩子一样的道德原因：我们不应该奴役我们的孩子，即便其存在本身和思考能力都应该归功于我们。如果机器人可以自由地过"正常"的生活，那么无论"正常"对机器人公民意味着什么，它们是否能够获得社会福利、免费医疗和教育或失业救济？

对利维来说，这个问题与机器人可能想要什么或者有什么感觉有关，因此，这个问题取决于机器人是否具备某种道德／情感能力，而这种能力目前仍然只是未来的一种可能性。利维认为，最重要的问题是从机器人的立场看待的机器人的权利问题。或者，就像在其他一些情况下（就像许多科幻小说情节一样），是为了预防性地安抚机器人，使它们不会举事起义，杀死我们。但这正是布赖森的目标，并认为这是一个稻草人。布赖森（Danaher 和 Bryson 2017）解释说："那些对机器人受困于奴役或所有权控制感到恐惧的人情感上太过于认同机器人了。"正如她所指出的，我们没有理由设计会产生或引发这个问题的机器人，更糟糕的是，我们一开始就创造这样一个机制是错误的（或至少在道德上有问题）。她建议我们可以制造表面上看起来愚蠢的奴隶——机器人仆人，像我们生活中的冰箱和其他技术设备一样，为我们不知疲倦的工作，而且它们也不介意这样做，它们显然是以不会导致任何人感到困惑或犯下情感误置之错的方式依附于我们的。

但这可能没有抓住重点。"机器人奴役"的问题（如果这确实是我们想要使用的术语——而且我们已经看到，有充分的理由对此有所犹豫[①]——的话）并不一定在于可能会怎么想，即机器人奴隶对其被征服、被奴役或权利被限制的状况会有什么感受。事实上，这个论点基于一种简单地将机器人奴役与人类奴役混为一谈的推测——这在道德上是有问题的，是布赖森小心翼翼地要避免的。问题在于奴隶主一方，以及制度化的奴隶制对人类个体和社区的影响。黑格尔（G. W. F. Hegel 1977，111-119）在《精神现象学》中极好地论证了奴隶制度对主人有消极的后果：正是基于主人 / 奴隶辩证法的逻辑，在持续受惠于奴隶所做工作的情况下，主人是无法获得独立的。这一哲学见解已被观测数据所证实。正如亚历西斯·德·托克维尔（Alexis de Tocqueville 1899，361）在美国南部旅行时所报道的那样，奴隶制不仅仅是奴隶的问题，他们显然在强迫劳动和偏见的枷锁下受苦受难；它也对奴隶主和他的社会制度产生了有害的

---

①　犹豫的主要原因来自一个历史事实，即奴隶制度，尤其是在美国背景下的奴隶制度，以及作为欧洲人"新世界"的整个南北美洲的奴隶制，都与种族密不可分。"奴隶"一词涉及一些种族特征，不能简单地将其搁置一边、遗忘或粉饰。出于这个原因，重新使用奴隶一词，赋予这个词不同的用途，就好像可以把它和这段历史分隔开来一般，却没有表明这个概念牵涉到复杂的种族因素，这样的做法有被指为对深刻的社会问题麻木不仁乃至串通一气的风险。这些社会问题在 21 世纪仍在继续影响、冲击着许多个人和团体的真实生活。探讨和批评机器人奴役中不那么隐蔽的种族因素的努力，尽管在机器人技术、机器人法律和伦理的著作中鲜有提及，但在科幻研究中却变得越来越重要和醒目：伊赛亚·拉文德（Isiah Lavender，2011）的《美国科幻中的种族》；格雷戈里·杰尔姆·汉普顿（Gregory Jerome Hampton，2015）的《用明天的机器人改造昨天的奴隶：在文学、电影和流行文化中对奴隶和机器人的想象》；路易·楚德 - 索基（Louis Chude-Sokei，2015）的《文化之声——散居与黑人技术诗学》。此外，由于非洲奴隶的制度化和经验在不同的欧洲殖民地和分离国家之间存在着显著的差异，我们也需要注意隐喻不同文化与语言环境下的发展和使用方式。参见 M. 伊丽莎白·劲威（M. Elizabeth Ginway，2011）的《巴西科幻——未来之国的文化迷思与国家地位》和爱德华·金（Edward King，2013）的《阿根廷和巴西文化中的科幻与数码技术》。

影响。"奴役使奴隶堕落，使主人贫穷"（de Tocqueville 1899, 361）。哈丽雅特·安·雅各布斯（Harriet Ann Jacobs）在《女奴生平》（2001, 46）中以第一人称所作的记述，也许是对"奴隶制产生无孔不入的堕落腐化"（Jacobs 2001, 44）之全面影响的最好描述："我可以作证，根据我自己的经验和观察，奴隶制是对白人，也是对黑人的一种诅咒。它使白人父亲残忍而肉欲，儿子暴力而淫乱；它污染了女儿们，使妻子们痛苦不堪。"显然，布赖森对"奴隶"一词的使用带有挑衅性和道德意味，如果认为她提出的"奴隶制2.0"的建议与人类奴役的情况（不幸的是，这种情况目前仍在发生）相同，甚至本质上类似，那就太轻率了。但是，出于同样的原因，我们也不应忽视或不考虑涉及蓄奴社会的有文化支撑的证据和历史数据，以及奴隶制制度化形式如何影响个人和人类社区的证据和数据。

米勒（2017）也有类似的担忧。虽然他发现布赖森的总体观点有"精神上的优点"，但她对术语的具体选择令人不安。米勒（2017, 5）认为，"问题在于'奴隶'这个词。如果奴隶制就像世界上大多数人现在所认同的那样，在道德上是不好的，那么我们就有理由推断，不仅不应该有人做任何人的奴隶，而且也不应该有人做任何人的主人。这段关系有些地方不对劲。"对米勒来说（这一点与黑格尔、托克维尔和雅各布斯的观点相呼应），奴隶制的问题在于奴役制度本身以及这种特殊关系削弱双方参与者（尤其是将占据主人地位的一方）的方式：

如果一个人确立了自己的主人地位，就会对自己较高的道德价值观和道德品质造成一定的伤害。你可能会提出，引导你成为主人的一种价值是过度的安逸和舒适。甚至洛克，一个臭名昭著的种植园主，也至少观察到（可能是假惺惺的），一个人可以获得正当足够的财物来维持生计，超出的部分就是从别人那里掠夺的。当然，有些人，如将军或公司领导人，不能单独管理他们所有的个人事务，需要个人帮助。然而，这些任务可以由付费的——足够付费的——志愿服务人员来完成。一个人不需要对这样的生活有绝对的控制权来完成任务，而且在伦理规范上也是如此。把机器当作奴隶来使用和对待的问题在于，一个人会将一种价值永世保存下来，这种价值维系着不恰当的行动者角色，将世界及其居民视为自己的奴隶。你不应该觉得这个世界上你的意志就是绝对的。如果那样，你只会加强那种无视意志的专制主义。（Miller 2017，5）

　　一个很好的例子（尽管有点极端），可以在关于性机器人的文献中找到。正如查尔斯·埃斯（Charles Ess 2016，65）所解释的那样，"显而易见的是，对开发可能满足我们情欲和性趣的机器人的关注（尤其是男性的关注）有着非常悠久的历史。"正如约翰·苏林（John Sullins，2012，398）所解释的那样，这段历史至少可以追溯到奥维德（Ovid）的《变形记》中讲述的皮格马利翁（Pygmalion）的故事。正如埃斯（2016，65）所指出的那样，"通过各种版本的女机器人、性机器人、女性人工智能等继续存在，从《大都会》到《我》，从《机器人》到《机械姬》，电影里多的是这样的角色：一个可以作为爱人——如果不是性奴的话——的女性机器人。"鉴于"性机器人没有工作定义，实际上也没有性机器人"（Richardson 2016a，

48）①，"性机器人"可以说更像是一个发展中的概念，但这个概念已经引发了相当大的争议和批评。

然而，这些努力的目标通常并不在机器人的一侧，也不在于它对被迫充当性工作者的"感受"。完全有可能的是，按照布赖森等人提出的程序和协议制造出来的性机器人，可以被设计成根本不关心它们如何以及为什么被用于性满足，或者（或许更好地）被编程为"喜欢"服务于人类用户的肉体欲望。问题不在于机器人性工作者，而在于人类用户。诺埃尔·夏基等人（Noel Sharkey 2017，22）回顾了关于该主题的现有文献，提供了以下清单：

这里引用的学者几乎一致认为，与机器人发生性关系可能或将导致社会孤立（Whitby 2011）。给出的理由各不相同：花时间在与机器人形成性关系中可能会导致无法形成人类友谊（Sullins 2012）；机器人满足不了人类物种独有的特定需求（Richardson 2016）；性机器人可能使人类对亲密感和同理心脱敏，而亲密感和同理心只能通过体验人类互动和相互同意的关系来发展（Kaye 2016，Vallor 2015）；因为与机器人的性关系更容易，真实的性关系可能会变得势不可挡（Turkle 2012）。

但是，机器人性爱的"受害者"并不仅仅是使用者，问题并不局限于潜在的孤立、上瘾、社交技能退化和情感脱敏。这种

---

① 夏基等人（Sharkey 等 2017，2）呼应了这一观点：公众对性机器人的认知存在一个问题，那就是目前公众总体而言对机器人的实际情况的了解不充分。性机器人是新事物，只有少数人直接接触过。公共领域的信息主要来自由电视和电影所产生的科幻比喻。贾森·李（Jason Lee，2017）的《性机器人——欲望未来》进一步证明了科幻小说的必要影响，这种影响至少目前看来是不可避免的。

有害的影响还扩散到其他人，并可能对整个社会产生不利影响。[①]
凯瑟琳·理查森（Kathleen Richardson）的"反对性机器人运动"
（在 2015 年计算机伦理学会议上宣读的一篇论文中首次提出）并
不关心机器人性工作者的福祉（理查森肯定不是"机器人解放运
动活动家"）和从事机器人性爱的冒险行为体验者可能会经历的
社会 / 情感的问题。她所关注的是下列问题：（1）有关性机器人
的言论已经发展起来，并令人不安地将其与人类卖淫相提并论；
（2）正如列维和其他人所示，比较文献中继续使用此类比较并没
有解决人类的性交易和卖淫问题（理查森正确地指出，这是 21
世纪现实世界奴隶制的最常见形式），使得妇女和女孩的物化得
以延续，而女性的物化至今仍然是性商品化的直接后果。[②]"在

---

①　事实上，如果感知到的问题仅限于性对象机器人的使用者，那么这个问题可
以用"个人选择"来解释，就像其他潜在的危险行为，如吸烟和娱乐吸毒一样。

②　理查森本人是否会将其描述为"奴隶制"，这是一个复杂的问题。在她的作
品中，这个词的定义和使用方式存在一些矛盾。一方面，理查森（Richardson 2016b，
28）将性机器人与亚里士多德对奴役的理解直接联系起来："要想让性机器人在我们的
文化中成为可行的可能性，它必须向我们证明亚里士多德式的奴隶观念一定会仍然存
在。"尽管此处是用条件语句表达的，但别的地方有一个更直接的表述："理查森是一位
人类学家和机器人伦理学家，她声称拥有性机器人与拥有奴隶是相似的：个人将能够购
买只关心自己的权利，人类的同理心会遭到侵蚀，女性的身体会进一步物化和商品化"
（Kleeman 2017）。另一方面，理查森（2016a）的文章《机器人性行为很重要》从对人
类奴役之代价的思考开始，区分了人类奴隶和机器，然后批评布赖森将两者混为一谈：
"重要的是要明白，奴隶不是机器。布赖森强调，机器是器具、物体，它们与人类不同，
但她却使用奴隶制的语言，因此复制了亚里士多德的假设"（Richardson 2016a，50）。
但在被认为发起了"反对性机器人运动"的 Ethicomp 文章中，理查森似乎支持相反的
立场并错误地把反对观点归于布赖森：把机器人用于性（成人和儿童）是合理的，机器
人不是真正的实体，它们只是物件。……有没有可能把人类对性别、阶级、种族或性的
认知转移到机器人或非人身上呢？从人类学的角度来说，答案是肯定的。这一主题在
讨论机器人作为奴隶时已被取代。布赖森一直反对将机器人与奴隶联系在一起的观点，
因为她认为，奴隶只不过是机械设备——你想怎么对待机器人就怎么对待机器人。但
是，难道只可能抱持非此即彼的立场吗？（Richardson 2015，292）

过去的几十年里，"反对性机器人运动网站（2016）解释说，"学术界和产业界做出了越来越多的努力，要进入性机器人开发领域——性机器人即外形为妇女或儿童、用作性物品的机器，代替人类伴侣或卖淫者。反对性机器人运动强调，这类机器人有潜在的危害，会加剧社会的不平等。"

第 3 节　结语

"机器人应该是奴隶"之建议乃是基于这样的认识：完全有可能制造出可拥有权利的机器人——要么是通过未来的技术进步（米勒），要么是通过现在的法令（布赖森）——但是，我们不应该这样做。换言之，能做并不意味着应该去做，尤其是当这样做会对人类个体和机构产生有害影响时。基于这个原因，有人认为机器人应该被置于奴隶或仆人（在以前的时代）的社会地位。因此，机器人将成为一种"活的工具"（按亚里士多德的说法），被我们所拥有，并可在人类用户决定和认为合适的时候使用。这一决定最终使人能够参与处理责任和权利问题，不仅得到大卫·休谟提出的"是 / 应"区分之支持，而且符合法律的迫切需要。正如贝尔特·亚普·库普斯（Bert-Jaap Koops 2008，158）所解释的那样："把应或不应降为能或不能会威胁到规范的灵活性和人类对规范的解释，而在实践中规范乃是法律的基本要素。"换句话说，宣称"机器人应该是奴隶"——或者"仆人"（如果你喜欢用一个不那么极端的词）——似乎是对有关机器人和权利问题的合理而实际的回应。

乍看之下，该提议似乎合情合理、切实可行，然而仍有许多问题使情况复杂化。首先，这种思维方式设置了一些社会禁律，而这些禁律不仅是不现实的（从设备设计者和制造商的角度考虑），而且遭到使用者道德直觉和实际体验的有力挑战。这些使用者对机器人——不止是表现友好的社交机器人，还有明显冰冷的工业机械装置——的回应已经超越了纯工具，已经把它们当作具有社会存在的东西，对我们产生着实实在在的影响。其次，机器人即奴隶的模式是不加辨别的种族中心主义。这个建议乃是基于一个独特的社会文化视角，由特定的道德、法律和宗教／哲学传统所激发，被拔升到普遍真理的高度而不自知，也没有认识到后果。其他文化和传统以不同的方式对待机器人，因此发现机器人即奴隶的模式不仅与他们的习俗和经验不一致，而且是一种伪装成科学事实的文化帝国主义。最后，奴隶制或机器人奴役的概念（应该指出，这是 "robota" 一词的词源学遗产中不可避免的一部分）已经产生了社会和政治后果，使得它的使用存在问题。换句话说，即使我们成功地 "正确理解了隐喻"（Bryson 2010，70），但这可能一开始就是个错误的隐喻，因为：（1）奴隶从来不只是工具，而是有一些基于税收或惩罚目的的权利；（2）奴隶制度的堕落腐化影响不但涉及被奴役群体，而且涉及居于奴隶主位置的群体。

第 5 章
!S1 S2 即使机器人不能拥有权利，机器人也应当拥有权利

最后一种情态也支持这两个陈述的独立性和不对称性，这体现在它否定第一个陈述而肯定第二个陈述。这是凯特·达林（2012 和 2016a）提出并发展的论述。在这种情况下，至少就目前可用的技术而言，机器人不能拥有权利。至少在这个特定的时间点上他们不具备必要的能力或财产，不能被当作完全的道德和法律主体。尽管如此，达林断言，我们遇到和感知机器人，尤其是社交机器人的方式，存在着某些本质上不一样的东西。"从目前的技术水平来看，我们的机器人远没有人类或动物的智能和复杂性，在不久的将来也不会达到这个阶段。然而，机器人的法律地位要超越烤面包机虽然似乎遥不可及，但在我们如何与某些类型的机器人互动方面，已经出现了一个显著的差异"（Darling 2012，1）。之所以发生这种情况，主要是我们将事物人格化的倾向，会把未必存在的认知能力、情绪和动机投射

到它们身上。尤其是社交互动机器人，它们被刻意设计来利用和操纵这种倾向。"社交机器人，"达林（2012，1）解释道，"通过模仿我们自动联想到某些心理或情感状态的信号，来利用这种倾向，从中渔利。"即使是在今天的原始形态下，这也能引起人们的情感反应，此类对社交机器人的反应跟我们对动物和彼此的反应是相似的。达林认为，正是这种情感反应，使得社交机器人必须承担相应的义务。"鉴于许多人已经对最先进的社交机器人的这种'欺骗'有强烈的感受，所以用比对待宠物更好的方式对待机器人同伴，可能很快就会被更广泛地认为偏离了我们的社会价值观"（Darling 2012，1）。

第 1 节　论点与证据

本部分论证是根据权利的利益论进行的（即使达林没有明确指出它是这样的）。虽然机器人不能——至少在这个特定的时间点上不能——拥有权利或达到足够的智能水平和复杂性层次，以使对权利的申诉成为可能和必要，但人们对向它们提供某种程度的承认和保护有着极大兴趣。作为这一观点的支撑，达林提供了轶事证据、来自一个研讨会的演示结果，以及至少一个以人类为对象的实验室实验。

一、轶事和故事

达林讲述了希奇勃特（Hitchbot）的悲剧故事（她的公开演讲经常以这个故事开头）。Hitchbot 是由戴维·哈里斯·史密斯（David Harris Smith）和弗劳克·泽勒（Frauke Zeller）发明的搭便车机器人，它成功地穿越了加拿大和欧洲，但在一次类似的穿越美国的行动开始时遭到野蛮破坏。对达林来说，这个故事中最重要的，也是她在作品中最突出的，是人们对 Hitchbot 死亡的反应。"说实话，让我有点惊讶的倒是，过了这么长的时间 Hitchbot 才遭遇不幸。但更令我惊讶的是，这个案件得到了如此多的关注。我的意思是，它登上了国际头条，千千万万的人对 Hitchbot 表达了同情和支持"（Darling 2015）。为了说明这一点，达林回顾了一些人的推文，这些人不仅对"Hitchbot 之死"表达了失落感，而且还为冷酷无情的人类施加于它的残忍行为主动承担责任，直接向这个机器人道歉。在其他时候，达林提到并描述了人们使用扫地机器人 Roomba 的经历——他们给吸尘器起名字，并且"当吸尘器卡在沙发下面时，会为它感到难过"（Darling 2016b）。在另一个"更极端的例子"（Darling 2016b）中，她引用朱莉·卡彭特（Julie Carpenter 2015 年）的作品，讲述了美国士兵使用军用机器人的经历。他们会给机器人起名字，给它们颁发荣誉勋章，在它们死后为它们举行葬礼。这些机器人的有趣之处在于，它们的设计根本就不是为了唤起这种感觉，它们只是轮子上的小棍子（Darling 2016b）。虽然没有明确承认，所有三个轶事（还有几个涉及其他机器人）都例证了里夫斯和纳斯（Reeves 和 Nass 1996）所说的"媒体效应"——人类会将社会地位给予展示出某种程度社会存在感的机械装置，哪怕这个社会存在感处于像 Roomba 那样的独立运动非常低的层次，也不管这是有意设计到人工制品中的，还是仅止于设备的人类用户 / 观察者的感知而已。

但达林的努力并不局限于讲述别人提供的故事，她还试图通过自己的研究来测试、验证这些观点。2013 年，达林和汉内斯·加塞特（Hannes Gassert）在瑞士日内瓦召开的学术会议 LIFT13 上举办了一个研讨会。研讨会的题目是"伤害和保护机器人：我们能吗？我们应吗？"借用了休谟的是 / 应区分，力图"测试人们对于社交机器人的感觉是否不同于日用物品，比如烤面包机"（Darling 和 Hauert 2013）。

在研讨会上，给各组参与者（4 个 6 人小组，共 24 人）都发了可爱的机器人恐龙普里奥（Pleo），其大小跟小猫差不多。在与机器人互动并与它们一起执行各种任务之后，各小组被要求捆绑、攻击和"杀死"他们的普里奥。好戏上演了，许多参与者拒绝"伤害"机器人，甚至用身体保护它们免受队友组员的击打……尽管房间里的每个人都完全清楚机器人的痛苦只是模拟出来的，但是当它被打破而哭泣时，大多数参与的组员紧张地咯咯直笑，有明显的不适感。（Darling 2016a，222）

虽然验证是在"非科学场景下"（Darling 和 Vedantam 2017）进行的，意味着结果充其量是轶事趣闻式的（这一点下文会继续讨论），但它令人信服地展示了之前实验室研究所测试和验证的某种东西。这些实验室研究与机器人虐待①密切相关，由克里斯托弗·巴特内克（Christopher Bartnek）和胡君（2008），还有阿斯特丽德·罗森塔尔·冯德尔普藤等人（Astrid M. Rosenthal-von der Pütten 等 2013）主持，前者利用了乐高（Lego）机器人和爬行微虫（Crawling Microbug）机器人；后者使用了恐龙玩具 Pleo，就像达林的研讨会那样。

二、科学研究

达林进行并发表的一项科学研究涉及一项米尔格兰姆式的服从实验（Milgram-like obedience experiment），该实验旨在测试形塑行为（framing）对于人类同理心的影响。在这个实验室实验中，达林与共同作者帕拉什·南迪（Palash Nandy）和辛西娅·布雷齐尔（2015）一起，使用巴特内克和胡君（2008）用爬行微虫机器人做的第二个机器人虐待研究的基本方法，邀

① 达林和加塞特（Gassert）在 LIFT13 研讨会上所做的那种机器人虐待研究已经存在很多年了（参见 De Angeli, Brahnam 和 Wallis 2005; De Angeli, Brahnam, Wallis 和 Dix 2006; Brahnam 和 De Angeli 2008），并且削弱了人类—计算机交互（human-computer interaction，HCI）和人类—机器人交互研究的所谓"黑暗面"（De Angeli, Brahnam 和 Wallis 2005）。正如巴特内克和胡君（2008）所解释的，这类工作的原因是要通过有意地跨越正常行为的边界来检验人类/机器人交互的极限："只有从一个极端的位置，媒体等同对机器人的适用性才有可能变得清晰。因此，在我们的研究中，我们关注的是机器人虐待。在这一背景下，我们打算调查的是，人类是否会用虐待人类的方式虐待机器人，就像媒体等同所暗示的那样"（Bartnek 和 Hu 2008, 416）。尽管先前诸如德·安杰利、勃拉纳姆、沃利斯和迪克斯（De Angeli, Brahnam, Wallis 和 Dix 2006, 1）的努力专注于设计的影响——"总体目标……是勾画关于交互技术之误用和滥用课题的研究议程；这些交互技术将会导向能够保护使用者和抑制发泄行为的设计方案"——达林则重新使用这个方法来阐述和解决道德和法律地位的问题。

请参与者观察纳米赫宝（Hexbug Nano 一个小型、廉价的人造昆虫），然后要求他们用木槌击打。实验显示，各种各样的形塑手段，比如给机器人命名和给它一个背景故事，都有助于建立人工制品在测试对象心目中的感知地位。

机器人受到人格化形塑后，比如命名和讲述背景故事（例如，"这是弗兰克，在实验室已经住了好几个月了。他最喜欢的颜色是红色"，等等），参与者对于击打机器人表现出了显著增多的犹豫。为了帮助排除其他原因导致的犹豫（例如机器人的感知价值），我们测量了参与者的心理特征共情，发现共情关注的倾向与人格化形塑之下对于击打机器人的犹豫之间有很强的关联。为我们的研究结果增添色彩的是，实验中许多参与者的语言和身体反应都显示出了感情移入状态（例如，当他们显然下定决心要攻击人格化了的小虫子 Hexbug 时，会问，"这会伤害他吗？"或者低声咕哝"它只是一只虫子，它只是一只虫子"）。（Darling 2017，11）

这意味着语言在这些问题中起着构成性的作用，这是科克伯格（2017）所主张的。实体是如何被置于语言中，又如何被语言（在语言本身范畴之外）所塑造，这很重要，也会产生影响。因此，重要的不只是我们如何组装、制造和编程，而是设备如何通过语言工具在社会现实中被定位或塑造。

正是基于这一证据，达林认为，可能有必要将某种程度的权利或法律保护延伸到一般的机器人，特别是社交机器人。① 即使从严格意义上讲，社交机器人不能成为道德主体（至少目前还不能），但这类人工制品（无论是搭便车机器人 Hitchbot，电子恐龙 Pleo，还是电子小虫 Hexbug Nano）在外观和感觉上都有所不同。达林（Darling 2016a，213）认为，正是因为我们"对机器人的认知与对其他物体的认知不同"，我们才应该考虑扩大某种程度的法律保护范围。这一结论与休谟的观点是一致的。如果"应"不能从"是"中派生出来，那么关于道德价值的价值论决定就只不过是基于我们在特定时间对某个事物之感觉的情感。达林使用了一种关于社交机器人的道德情感主义："我们许多人觉得对机器人的暴力行为是错误的，即使我们知道被虐待的物体并没有任何体验"（Darling 2016a，223）。这一洞见得到了一个颇为戏剧化的"战争故事"的佐证。这最初是《华盛顿邮报》发表的乔尔·加罗（Joel Garreau 2007）的一篇报道，后来达林（2012）讲述了这个故事："当美国军方开始测试一个机器人，机器人通过踩上地雷来排雷时，上校指挥官取消了演习。这个机器人是以一只六条腿的竹节虫为模型的，每次踩到地雷，它就会失去一条腿，然后用剩下的

---

① 事实上，这种规范性的成分是达林自己努力的一个显著特征。尽管有许多使用计算机和相关系统的媒体等同研究（例如，Reeves 和 Nass 1996，Nass 等 1997，Nass 和 Moon 2000），人类 - 机器人交互之机遇和挑战的实验室调查（例如，Eyssel 和 Kuchenbrandt 2012，Kahn 等 2012，Faragó 等 2014，Broadbent 2017），以及涉及机器人虐待的米尔格兰姆式服从实验（例如，Bartnek 和 Hu 2008，Rosenthal-von der Pütten 等 2013），这些调查通常因为没有得出有关机器人社会和法律地位的任何明确的规范性结论，或没有提供任何相关建议而停止。然而，这正是达林感兴趣的，并构成了她在该领域的独特贡献。换句话说，过去几十年进行的大量社会科学调查表明，人类使用者对机器人的反应和对待方式，与他们对烤面包机等其他物体的反应方式明显不同。达林接受了这些描述性的见解，并追求它们的规范性结果。

腿继续踩。据《华盛顿邮报》报道，上校实在无法忍受看着这台被烧焦了的、伤痕累累、残破不堪的机器拖着自己最后一条腿向前走的悲伤。他指责说，这种测试是不人道的。"

　　除了达林等人（2015）发表的一项实证研究外，其他实验研究，如菲埃里·库什曼等人（Fiery Cushman 2012）的实验研究表明，"厌恶有害行为"可以用以下两种模型之一来解释：（1）结果厌恶，"出于对受害者痛苦的感情移入式关切，人们反对有害行为；"（2）行为厌恶，厌恶反应"可能由行为的基本知觉属性和肌肉运动属性引发，甚至都不考虑行为的结果"（Cushman 等，2012，2）。前者解释说了，比方说，我们为何能说"踢机器人"——科克伯格（2016）的说法，引用了 2015 年备受争议的波士顿动力公司的（Boston Dynamics）宣传视频——并不能造成真的伤害与虐待，因为机器是没有知觉的。后者则使这一假设变得更加复杂，说明了人们如何对一项行动产生厌恶情绪（比如看着扫雷机器人拖着它损坏的肢体穿过战场），而不管该行为的承受者得到了什么结果（无论知道或是不知道）。在库什曼等人（2012）的研究中，让参与者模拟有害行为，例如用橡胶刀刺伤实验者，用没有杀伤力的手枪射击实验者，等等。尽管已经知悉并明白这些行为并没有伤害性，也就是说不会对行为的承受者造成任何痛苦，然而参与者仍然表现出了对做出此类行为的厌恶反应（从标准的生理反应角度来衡量）。库什曼等（2012，2）总结说，这表明对伤害行为的厌恶超越了对受害者的同理心关切。

三、结果与后果

因此，值得赞扬的是，达林的提议不同于布赖森在《机器人应该是奴隶》中的论点，它试图适应使用者的实际直觉和体验，并与使用者的实际直觉和体验协调，而不与之对着干。虽然布赖森批评使用者错误地将思想状态投射到机器人物体上，但达林认识到，尽管人们知悉机械的准确信息，但这种情况还是会发生，并将继续发生，而且一个实用的道德和法律框架需要考虑到这一事实。

达林并不是唯一提出这样建议的人。希瑟·奈特（Heather Knight，2014）引用了达林的 Pleo 恐龙 "研究"（奈特称之为 "研究"，尽管正如达林自己所指出的，这只不过是一个研讨会演示），也发出了类似的呼吁，将其作为社交机器人融入政策的一个组成部分。"除了鼓励技术的积极应用和保护使用者，最终可能还会出现我们是否应该规范管理如何对待机器的问题。今天看起来这可能是一个荒谬的提议，但我们越是把机器人视作一种社会存在，我们就似乎越把我们的对与错的观念扩展到我们对他们的行为中"（Knight 2014，9）。就像达林一样，保持这个 "看似荒谬的建议" 的主要理由，是最终植根于伊曼努尔·康德（Immanuel Kant）的对动物之间接责任的一种变体。"正如卡内基·梅隆大学伦理学家约翰·胡克（John Hooker）曾在我们的机器人伦理课上所说，虽然理论上伤害机器人没有道德上的负面影响，但如果我们把机器人视为一个社会实体，对它造成伤害会对我们产生不良影响。这与阻止幼儿伤害蚂蚁没有什么不同，因为我们不希望这种玩耍行为发展成在学校咬其他孩子"（Knight 2014，9）。

此外，这不仅仅是一个理论建议，社交机器人的商业化努力已经将其付诸实践。（这些努力的动机到底是仅为了提升消费者的兴趣和销售更多产品的聪明营销策略，还是在有意识地质疑文化规范和扩展道德关怀的界限，仍是一个见仁见智的问题）正如朔伊茨（2012，215）准确指出的那样："今天（或者在可预见的未来），没有一种可购买的社交机器人会关心人类，因为它们就是不会关心。"也就是说，这些机器人没有能够让它们具备关心能力的架构和计算机制，这很大程度上是因为我们甚至不知道从计算的角度要怎样才能让一个系统关心任何事情。尽管存在这样的经验事实，但许多社交机器人，比如医疗机器人 Paro 和辛西娅·布雷齐尔的家用机器人 Jibo，都是特意为人类设计的，置于人类被邀请去关心或被迫使去关心（动词的选择绝非无足轻重）的位置。例如，Jibo 最初的营销活动——一个公认的旨在"制造轰动效应"，并通过预订来吸引资本投资的产品——有意将设备置于一个超越了纯粹的工具，同时又不及"另外一个人"的位置。Jibo 是世界上第一个"家庭机器人"，其设计者决心要它占据一个奇怪的"之间"位置，唐·伊德（Don Ihde）称之为"准他者"，彼得·阿萨罗称之为"准人"。因此，Jibo 和其他类似的社交机器人被有意设计利用了科克伯格（Coeckelbergh 2014，63）所称的"类别边界问题"，因为它们介于纯粹的事物和另一个具有社会意义的人之间。

这一新的"本体论范畴"在实证研究中得到了验证。在一项关于儿童与类人社交机器人 Robovie 的社会与道德关系的研究中，彼得·卡恩（Peter Kahn）等人（2012，313）发现：我们问孩子们，他们是否认为 Robovie 是一个活着的生物。结果显示，38% 的孩子既不愿意选择"是"，也不愿意选择"否"，他们用各种方式谈论机器人介于"活的"和"不是活的"两者之间，或者根本两者都不是。虽然这类"准人"的确切社会、道德和 / 或法律地位仍未决定，有待辩论，但事实是，法院已被要求考虑动物的社会、道德、法律地位。2015 年，"非人类权利工程"（Nonhuman Rights Project）试图获得对两只黑猩猩的人身保护令。法院尽管理解不断发展中的、把动物（尤其是家庭宠物）视作"准人"的社会文化行为，但还是回到了现有的先例："法律目前认为，不存在出于确立权利之目的的'之间'位置的人格，因为实体是按简单、二元、'要么全有要么全无'的方式分类的……被认为是人的生物享受权利，履行责任，而事物没有这些法律权利和责任"（Stanley 2015）（Solaiman 2016，170）。尽管法院目前不承认这种"之间"立场，但动物权利倡导者和社交机器人领域的创新正做出越来越多的努力，挑战这些现有的"二元的全有 / 全无"程序。

因此，达林不同于那些要么否定要么赋予机器人权利的人，她的提议不需要解决涉及人工制品内在本质或运行作业的根本性的本体论和认识论问题。真正重要而起着关键作用的是实际社会情况和面对人工制品所采取的行动，以及这些交互作用在关系方面对人类个人和社会机构意味着什么。因此，她的方法是一种"关系主义"——正如马克·科克伯格（2010，214 和 2012，5）所解释的那样，实体的状态不是内在的心理状态，而是外在互动和关系的产物。尽管达林没有以这种确切的方式来解释，但她的提议是一种视角的转变，即把决定道德地位的方式从主要由个人主义，转向关系主义和集体主义。拉亚·琼斯从地理位置的角度解释了这种差异：

> 关于机器人人格的争论只有在个人主义的世界观中才有意义。在这种世界观中，自我解释的默认单位是个体，一个独立的自我（Markus 和 Kitayama 1991）。因此，基本的关系单位是"我-你"，两个独立自主的自我相连接。这就需要创造性地把机器人放在"你"的位置上，然后讨论这个人工机器人是否可以拥有一个独立的自我。在集体主义的世界观中，自我解释的默认单位是社会群体，因此关系单位是一个由相互依赖的自我组成的整体（参阅 Markus 和 Kitayama）。远东地区对社交机器人的贡献倾向于想象这样一种世界秩序：万物皆有其应有的位置，集体和谐取决于对他人以及无生命物体的行为规范。与西方相比，有生命和无生命之间的界限可能更加模糊（尤其是在日本）。然而，更重要的是，当集体主义是默认的自我解释时，当务之急就变成了社会包容的问题——开放我们的心胸来接纳机器人——而不是急着决定机器人的内在本质。（Jones 2016，83）

尽管达林没有使用琼斯的东西方区别观点，但她的提议将人们的注意力从琼斯所说的西方形式的个人主义转向了更具东方影响的集体主义。正如琼斯所解释的那样，前者基于本体论——即实体是什么或能够是什么——来决定社会地位问题，或者如弗洛里迪（2013，116）所指出的，"实体是什么决定了其享有道德价值（如果有的话）的程度。"与此相对应的另一种思维方式（琼斯将之归结为东方世界观）则相反，是基于实际关系，以及实体如何被纳入（或不被纳入）现有的社会秩序，来探讨社会地位的其他决定性问题。在东方传统和文化中，琼斯断言，人类集体应该如何与其他实体相联系的问题既适用于有生命的事物，也适用于无生命的事物。

根据琼斯基于地理位置的区分，我们可以说，达林的建议之所以具有创新性和吸引力，是因为它挑战了西方的个人主义，采用了一种更具东方影响的集体主义形式。但我们应该谨慎对待这种思维方式，避免再次散播某种形式的"东方主义"，使"东方"成为"西方"的另一个自我和纯粹的概念衬托。正如爱德华·赛义德（Edward Said，1978，2-3）在其同名著作中所解释的那样，"东方主义是一种思维方式，建立在'东方'和（大多数时候）'西方'之间的本体论和认识论区别之基础上。这样非常多的著述者，他们当中有诗人、小说家、哲学家、政治理论家、经济学家和帝国管理者，都接受了以东西方之间的基本区别作为起点，展开关于东方的复杂理论、史诗、小说、社会描述和政治记述，内容涵盖了东方的人民、风俗、'思维'、命运，等等。"

琼斯以地理位置上的差异来解释事物，有着被指责为东方学的风险，她明确地意识到这一点："地理上的划分应该谨慎对待。第 5 章引用了荷兰计算机科学家的观点，他们提出了与萨达蒂安（Saadatian）、萨马尼（Samani）和他们在亚洲的同事非常相似的版本。人类—机器人共存社会的理想尽管似乎更为自然地出现在远东地区，但它可能是 21 世纪全球化技术文化（而不是日本或韩国社会）的一个特征"（Jones 2016，83）。虽然（也可能正因为）包括了这个关键的自我反省，琼斯的论述使用了一个新奇、隐含潜在问题的用语，因为它使用了"东方学"——使得远东地区（概括而言）和日韩社会（具体而言）成了与西方个人主义相对的"他者"——同时又保持对这种说法的批评，指其不够准确、是潜在的种族中心论。这种说话方式在当代文化中已经相当普遍，并且以"我不是种族主义者，但是……"或"我不是性别歧视者，但是……"这样的陈述形式出现。这个想法似乎是允许一个人使用过时的和有问题的话语结构，同时保持一定的临界距离。这是一种在认识到问题的同时又使用有问题的概念区分的方法，以为认识到问题就足以回应批评，甚至找借口躲避批评。

第 2 节 挑战、困境与问题

达林清楚地意识到，她的提议是"有点挑衅"意味的（Darling 和 Vedantam 2017），可能正是出于这个原因，它吸引了相当多的媒体报道和关注。然而，尽管这种观点很受欢迎，但它也存在一些重大问题和干扰因素。

一、道德情感主义

首先，基于个人感知和情感的道德立场决定可能会被批评为反复无常和前后不一。伊曼努尔·康德（1983，442）在回应这种道德情感主义时写道："情感之间的差异自然是无穷无尽的，因此情感无法提供衡量善恶的统一标准；此外，即使一个人不能通过他的感觉有效地判断其他的人，他们也会这样做。"

布赖森通过回顾她在麻省理工学院机器人学实验室的经历，将这种担忧延伸到了机器人问题上：

回到 Cog 项目，对于"拔掉科克插头是否不道德"的问题，项目负责人给出了两个"标准"答案。最初的答案是，当我们开始对机器人产生同理心时，我们应该把它视为值得道德关注的东西。这里的观点是，为了防止可怕的事故，人们应该宁可犯保守的错误。然而，事实上，人们会对肥皂剧中的人物、毛绒玩具甚至宠物石头感同身受，但仅仅因为微妙至如宗教等的差异，他们却无法以同理心对待自己的同类甚至家庭成员。依赖人类的直觉似乎非常令人不满意，尤其是考虑到它植根于进化和过去的经验，因此未必能正确地推广适用于新情况。（Bryson 2000，2）

布赖森担心的是，达林提出的这类建议过于相信直觉，因此犯下错误，将身份和权利错误地归于那些简单的、严格说来根本不配拥有身份和权利的东西。由于直觉"不一定正确适用"，根据纯粹的个人经验和直觉来制定有关机器人社会、法律地位的政策，将是反复无常的，而且可能是不负责任的。对于发起政策讨论而言，这种情绪可能是必要的，但它们本身并不是充分的证据。

在这场辩论中，文字很重要。事实上，这些感觉可能是用来谈论机器人及其行为的言辞之产物。正如哈罗德·廷布尔比（Harold Thimbleby，2008，339）在回应布莱·惠特比（Blay Whitby）时所言："这可能只是一个文字游戏。'拆解'机器人似乎在道德含义上是中性的，但如果把'拆解'称为'虐待'，就会引起人们的情感反应。"此外，由于情感是一个个人经验和反应的问题，目前仍不确定究竟是谁的看法真正重要或者具有决定性作用。例如，达林在她的提议中用到了集体第一人称"我们"，并以之作为她的建议的主语，然则谁被包括在集体第一人称"我们"中（谁又被排除在外）？换句话说，当涉及将道德和法律权利扩展到他人身上的决定时，谁的情感能够作数？所有的情感相比之下，是否都具有相同的地位和价值？布赖森（2000 2）谨慎地强调了一个事实：犯下错误认同 Cog 之失的，并非是无知天真的使用者——比如魏岑鲍姆（Weizenbaum 1976）的那位秘书，坚称伊丽莎（ELIZA，一个计算机聊天程序——译者注）确实是理解她的——而显然是博学多识的麻省理工学院和哈佛大学博士生。这个叙事的预设背景是，专家应该知道得更多，但即便是他们——那些应该知道这些事情的人——仍然可能出错。这就增加了风险。如果博学多识的专家也可能出错，那么应该由谁来决定这些事情呢？在决定应对机器人的适当方式时，谁的道德情感能够作数呢？所有的直觉都是平等的吗？还是有些直觉"更好"？如果是这样的话，我们怎么能分辨出并设计出一种合理的方式来区分这两者呢？

当你考虑到达林动用的那种证据时，这就会立即产生明显的问题。达林研究的一个令人沮丧之处在于，严格说来，大部分研究都不是研究，而是来自公认不那么科学的轶事证据，不是在同行评议期刊发表的。例如，我们并不完全清楚为什么研讨会演示——它在大众媒体上有相当大的吸引力（例如

Fisher 2013，Collins 2015，Lalji 2015，Walk 2016，Darling
和 Vedantam 2017），在随后的学术文献中被引用（例如 Knight
2014，9；Larriba 等 2016，188；Yonck 2017，90；Hagendorff
2017），并在达林几乎所有的论文和会议报告中使用——没有
在更有力的科学研究中重复和验证。达林表示，主要原因是
成本：Pleo 恐龙玩具"对 100 名参与者的实验来说太贵了点"
（Darling 和 Vedantam 2017）。但是从该机器人的实际成本和从
研讨会演示中获得的初步结果来看，这个解释（或者"借口"）
似乎不那么可信。首先，机器人显然是昂贵的玩具，每台大约
500 美元。但是，这并不排斥由外部资助研究的可能性，特别
是还有可能只需租用机器人到研究结束。其次，如果研讨会得
出的结果是正确的，并且参与者没有伤害昂贵的 Pleo 恐龙的倾
向，那么在进行这样的实验的过程中并不会损失任何东西（或
者损失会接近于零）。在这个过程中，一些 Pleo 可能会被破坏，
但是如果研讨会的数据是正确的和有代表性的，那么绝大多数
Pleos 会毫发无损地通过这项研究。没有更有力的科学调查，达
林的研讨会结果仅限于 24 名参与者的个人经历和感受，他们不
是具有代表性的样本，参与的过程不是一个受控的实验。

　　拉亚·琼斯在麻省理工学院另一位社会科学家谢里·特
克的工作中也发现了类似的问题。考虑到特克的"发现"——
即我们目前正处于一个"机器人时刻"——的重要性，琼斯
（Jones 2016，74）做出了以下评论：

　　特克（Turkle 2011）用大量真实生活中的轶事——比如
一名学生在讲座结束后找到她，向她吐露，她很乐意用机器

人来取代她的男友——以及访谈和自然主义观察来支持她的观点。这些证据可能会被支持相反说法的轶事、访谈和观察所反驳。如果没有一些趋势分析（对与技术相关之社会模式变化的有力研究）和显示特克尔的线人所表达的情绪得到了广泛认同的数据调查，就不可能判断社会是否已经进入了一个机器人时代。[①]

同样的指控可以很容易地指向达林所讲的轶事，比如有关搭便车机器人 Hitchbot 死亡的推文，以及与 Pleo 恐龙有关的研讨会证据。这些个人经历和偶遇可能表明需要考虑把机器人视为社会实体，但如果没有一个有力的科学研究来证明这一观点是否正确，这一结论就可以很容易地被同样站得住脚的轶事和意见（比如布赖森声称的"机器人应该是奴隶"）所驳倒。我指出这一点不是为了否定达林（或其他人员，比如特克尔）的工作，而是要指出一个程序上的难点，即这个看似有益的和无可否认地有影响力的调查研究工作有被削弱和损害的风险，而削弱和损害它的正是被用以支持它的证据。以个人观点和经验作为规范性禁止的基础，这正是康德所提出的道德情感主义问题。

[①]　在她的前一本书《屏幕上的生活》中，特克（1995，321）对这种特殊的调查方法进行了简短的反思："这是一本非常个人化的书。它是建立在人种学和临床观察的基础上的，研究人员、她的情感和品味构成了调查的主要工具。我的方法来自我所学习和成长的各种正规学科；这项工作本身的动机是希望传达我在计算机和人之间不断发展的关系中发现的最引人注目、最重要的东西。"因为"研究人员、她的情感和品味"构成了"调查的主要工具"，特克的《关于方法的按语》(《屏幕上的生活》中的一个章节）相当详细地描述了研究人员自己与计算机和信息技术的牵连。尽管这段个人经历很有趣，也提供了丰富的信息，但这篇按语还是指出并证实了琼斯所提到的问题，即特克的见解仍然难以概括，因为它们是基于并且仅限于个人经验和个人情感。

二、表象

其次，尽管达林的建议似乎支持休谟的论点，即把"应"与"是"区分开来，但它仍然着力从"似"当中推论"应"。达林（Darling 2016a，214）认为，一切都取决于"我们有充分证据证明的倾向"，即将事物人格化。她说，"人们有拟人观倾向，也就是说，我们把自己固有的品质投射到其他实体上，让它们看起来更像人类。"（Darling 2016a，214）这些品质包括情感、才智、知觉等。尽管这些功能（至少目前）并不真正存在于机器人中，但我们很容易将它们投射到机器人上，视为我们假定属于机器人的东西。这就是达菲（2003，178）所谓的"人工智能大骗局"，可以说始于图灵的"模仿游戏"，在这个游戏中，重要的不是一个设备是否真的是智能的，而是使用者如何体验与该机械的互动，并从这些体验中形成对其功能的解读。通过关注这种拟人化操作，达林调动并运用了一个众所周知的、相当有用的哲学区分，这个区分至少和柏拉图一样古老——是（某物到底是什么）与似（它看起来是什么样子）之间的本体论区别。根据达林的观点，最终重要的不是机器人的"内在与本身（康德的术语）"实际上是什么。不同之处在于我们对这个机械的感知如何，我们之间的关系如何，也就是说，机器人看起来是什么样的。这种微妙但重要的视角变化代表着从一种幼稚的经验主义转变到一种更复杂的现象学表述（至少在康德的用语意义上是这样）。因此，达林的建议并不是从"是"中得出"应"的，而确确实实是从"似"当中推断出"应"。然而，这个过程有三个问题和困难。

拟人观

首先，拟人观存在一个问题。达菲（Duffy 2003，180）解释说：拟人观英文即"anthropomorhism"（源自希腊语，"Anthropos"意为人，"morphe"意为形式/结构）是一种赋予无生命的物体、动物等人类特征的倾向，意在帮助我们合理化其行为。它基于观察，将认知或情感状态加诸事物，以便在特定的社会环境中对实体的行为进行合理化。达菲笔下的合理化过程类似于丹尼尔·丹尼特（1996，27）所说的意向立场——"一种解读实体（人、动物、人工制品，等等）之行为的策略，做法是把实体看成是一个理性的行动者，能够通过'考虑'其'信仰'和'欲望'来'管理'其'行动'的'选择'。"我们只需留意一下这些表述中众多的引号，就能看出这个过程的复杂性——毕竟，这个过程意味着艰难的努力，要把精神状态赋予一个并不实际拥有精神状态的东西，或者更准确地说（鉴于这往往是一个认识论问题），赋予一个我们不能完全确定其是否拥有精神状态的东西。这种拟人观的提法在所有的文献中都是相当一致的，通常被认为是一种默认行为。正如希瑟·奈特（Heather Knight 2014，4）所解释的那样："机器人不需要眼睛、手臂或腿，我们就能像对待社交行动者一样对待它们。事实证明，我们本能地快速评估机器能力和角色，这可能是因为机器具有肉体化身，且常具有可被识别的目标。社交能力是我们天然的交互界面，对彼此和一般生物都是如此。作为这种先天行为的一部分，我们很快就能从行动者中识别出物体。事实上，作为一种社会性生物，将移动机器人拟人化往往是我们的默认行为。"

拟人化就是会发生，这似乎没有公开辩论的余地。然而，有争议的是，这在多大程度上以及在何种情况下发生。经验研究表明，拟人投射是一种多面向的东西，可以根据谁在什么环境、什么时间、什么层次的体验进行感知而改变。克里斯托弗·耶格（Christopher Jaeger）和丹尼尔·莱温（Daniel Levin）2016 年在对现有文献的回顾中发现，当涉及在非人类人工制品上投射行动和心智理论的问题时，存在着相当大的分歧。一方面，有大量的研究证明了他们所说的"杂乱行动"（Nass 和 Moon 2000；Epley，Waytz 和 Cacioppo 2007）。"因此，"——这是达林立场的特点——"人们倾向于自动地将类人特质赋予技术行动者"（Jaeger 和 Levin 2016，4）。但这些结论受到了更新研究（Levin，Killingsworth，Saylor 2008；Hymel 等 2011；Levin 等 2013）的挑战，这些更新的研究证明了耶格和莱温（Jaeger 和 Levin 2016，4）所称的"选择性行动"，"与杂乱行动正好相反"（Jaeger 和 Levin 2016，10）。耶格和莱温解释说，"选择性行为假定人们在与技术行动者打交道时的默认或基线做法是要将行动者与人类区分开来，只有在深入考虑之后才会做出具体的拟人化归置"（Jaeger 和 Levin 2016，10）。

因此，更详细地考虑现有的与非人类人工制品有关之拟人化现象的实证研究结果，既支持又反驳了达林论点的核心主张。在某些情况下，对于某些使用者，一种更加杂乱的拟人化投射实际上可能保证将权利扩展到非人类的人工制品。但是，在其他情况下，对于其他使用者，更有选择性的决定在其拟人化投射中仍然是保守的，这意味着权利的扩展可能并不完全合理。为了应对这些不同的反应，埃莉诺·桑德里（2015，344）提出了一个她谓之"温和拟人化"的观点，该观点"允许一个机器人被认为行为足够自然亲昵，其运动可以解释为有意义的，同时也留出了承认其根本差异的空间"，以便其对人类 / 机器人团队的独特贡献既可以被承认，也可以成功实施。把这一点指出来——就本身而言——并非就是反驳达林的论点，但它确实对拟人论的实际运作方式带来了重大的干扰。

欺骗

因为拟人化投射是一种"欺骗"（达菲的用词），所以人们一直关注操纵和欺骗。"从观察者的角度来看，"达菲（2003，184）写道，"人们可能会提出这样一个问题：把人工情感赋予机器人，是否类似于聪明的汉斯错误（the Clever Hans Error，Pfungst 1965），即意义和结果主要取决于观察者，而不是发起者。"聪明的汉斯是一匹马，据说能够进行基本的算术运算，用蹄子轻拍地面传达计算结果来回答人类提问者的问题。这个故事最初是在《纽约时报》（Heyn 1904）上发表的一篇文章中讲述的。奥斯卡·芬格斯特（Oskar Pfungst，1965）揭穿了这一观点，他证明了汉斯似乎拥有的智力其实只是一种条件反应。这个故事后来被用于动物智能和人类 / 动物沟通（参见Sandry 2015b，34）的研究中。在机器人领域，马泰斯·朔伊茨（Matthias Scheutz）找到了很好的理由来关注这种特殊的操纵。

危险的单向情感纽带的危险在于，它们产生可能给人类社会造成严重的心理依赖后果……社交机器人使得人们建立起和它们的情感纽带，并因而深深地信任它们，这就导致社交机器人可能被滥用，以从前不可能做到的方式操纵人们。例如，一个公司可能会利用机器人与主人的独特关系，让机器人说服主人购买公司想要推广的产品。请注意，在人与人的关系中，正常情况下，诸如同理心和内疚感的社会情感机制将防止此类情形升级；但在机器人方面则不是必须得有任何东西来阻止其滥用自身对主人的影响力（Scheutz 2015，216-217）。

朔伊茨描述的问题是，我们可能以单向的、容易出错的和具有潜在危险性的方式将某些东西赋予机器。

然而，这里真正的问题是这个问题所面对的不可判定性。换言之，我们似乎无法决定拟人观，或布赖森、凯姆等人（Bryson 和 Kime 2011 2）所谓的"过度认同"是否是一个缺陷，是否需要清除，以促进正确的认识并保护使用者免受欺骗（Shneiderman 1989，Bryson 2014，Bryson 和 Kime 2011）；也无法确定——如达菲（2003）所说的——这是否是一个需要精心培育，以创造更好的互动式社交人工制品的特质。正如桑德里（2015a，340）所解释的：

科学论文通常对拟人论有偏见，认为任何将人类特征置诸非人类的行为都是与保持人的客观性不相容的（Flynn 2008；Hearne 2000）。事实上，马尔克·贝科夫（Marc Bekoff 2007，113）甚至将拟人论描述为"科学中的脏话"之一，与"主观臆想和个人"联系在一起。然而，一段时间以来，社交机器人研究一直对鼓励人类做出拟人化回应的想法持开放态度。特别是，特克等人（2006）和克里斯滕·道滕哈恩（Kirsten Dautenhahn 1998）的早期工作认为，拟人化是促进有意义的人机交互的重要组成部分。

如此一来，问题不在于可能存在欺骗性的拟人化投射，而是在于我们似乎无法决定，在为社交互动而设计的机器人的环境中，这种欺骗行为或模拟（这个词更"积极"些）是有害的、有用的，还是两者兼有。换言之，达菲所谓的"人工智能大骗局"——图灵测试已经明确了这个骗局，瑟尔的"汉字屋"思想实验也以此为标靶——是一个必须不惜一切代价避免的问题吗？或者它是一个有价值的、应该精心开发并投入运行的资产和特质？

情感与信念

在这一切中，决定因素是道德观感。托伦斯（2008）解释说："因此，可能说我的道德态度强烈受限于我对此人之意识的感觉：例如，如果我开始相信此人不具备有意识地感受痛苦的功能，觉得他只是在展示'表面'的痛苦行为信号而并未处于'内在'的情感经受状态，我就不会那么容易地对表现得好像很痛苦的人产生道德关心的感觉。"由此看来，道德地位是我对他人的感觉问题，是我觉得对方是否是有意识的问题。因此，一切都有赖于外在表象和跨越认识论鸿沟的能力。认识论鸿沟将表面行为与实际的内在意识状态区分开来。正如托伦斯所指出的，这是一个信仰的问题。或者像达菲（2006，34）解释的那样：

随着社交机器，尤其是社交机器人的到来——目的是开发一个可以让人们根据标准的社会机制（语音、手势、情感机制）进行社交的人工系统——关于社交机器是否具有意向、意识和自由意志的感知会改变。从社会互动的角度来看，机器是否具有这些属性的问题变得不那么重要，而更重要的是它是否看起来具有这些属性。如果赝品足够好，我们可以有效地感知到它们确实具有意向性、自觉性和自由意志（原作的重点）。

这一事实，即"赝品已经足够好了"，已经经过实验检验，并得到了一些研究的证实。例如，格雷等人（Gray 等 2007）证明了意识的感知发生在行动和体验两个维度上，不同的实体（成人、婴儿、动物、神和机器人）在这两个维度上在人们感知中的意识水平是不一样的。具体来说，正如伊丽莎白·布罗德本特（Elizabeth Broadbent 2017，642）所指出的，研究中的机器人"被认为几乎没有体验能力，但有适度的行为能力"，这表明"大多数人认为机器人至少具有一些思维成分"。布罗德本特等人（2013，1）做了一项重复测量实验，让人类参与者与医疗机器人皮珀勃特（Peoplebot）互动，结果发现"医疗机器人的面部显示越像人类，人们就越会将思维和积极的人格特征赋予它。"这一切就宛如瑟尔的"汉字屋"正在发生一般。正如著名的"汉字屋"思想实验一样，根本问题在于认识论的分歧。模拟并非真实。但对大多数人类使用者来说，模拟"足够好"，而且常常击败我们对真实情况的了解或不了解。因此，如果没有某种"基于信仰"的倡议，要解决这些问题并不容易。这一点在笛卡儿和托伦斯身上都很明显，前者需要一位仁慈的上帝来保证感觉符合并准确地代表了外部现实，后者则认为有必要依赖于感觉和信仰。

三、人类中心主义，或"一切的关键都在于我们"

再次，因为最终重要的是"我们"如何看待事物，这一提议仍然完全以人类为中心，并通过把事物转化为我们满足道德情感的机械而将其工具化。达林认为，我们需要考虑将合法权利延展到他者（比如社交机器人）身上，主要是为了我们自己。这遵循了康德著名的关于限制虐待动物的观点，达林毫不犹豫地赞同这一论述："康德关于防止虐待动物的哲学观点是，我们对非人类的行为反映了我们的道德——如果我们以不人道的方式对待动物，我们就会成为不人道的人。"这在逻辑上延伸到机器人伴侣的治疗（Darling 2016a，227-228）。或者正如她最近在国家公共广播电台"隐藏的大脑"播客上与尚卡尔·韦丹坦（Shankar Vedantam）的谈话中描述的那样：

我的感觉是，如果我们有证据表明，对栩栩如生的物体施加粗暴行为不仅显示了我们为人的品格，还可以改变人，使他们在其他情景下对该行为脱敏。如果你习惯踢机器人狗，你更有可能踢一个真正的小狗吗？如果是这样，或许这实际上是给了我们一个理由，要求我们给予机器人某些法律保护，就像给予动物保护一样，只不过出于不同的原因。我们喜欢告诉自己，我们保护动物不受虐待是因为它们实际上经历了痛苦和折磨。我不认为这是我们这么做的唯一原因。但是对于机器人来说，这并不是说它们经受了什么，而是说我们对此类残忍行为变得不敏感了，虐待机器人会对我们的行为产生负面影响。（Darling 和 Vedantam 2017）

在与《PC杂志》的伊万·达舍夫斯基（Evan Dashevsky 2017）的谈话中，达林对这一观点进行了更为直接的阐述：

我认为有一个康德哲学的论点。康德关于动物权利的论点总是着眼于我们，而不是动物。康德根本不关心动物。他认为"如果我们对动物残忍，那我们就是残忍的人类"。我认为这适用于设计出的栩栩如生的机器人，我们把它们当作有生命的东西来对待。我们需要问的是，从一个非常实际的角度来看，残忍对待这些东西对我们有什么影响——我们不知道这个问题的答案——但如果我们习惯了对待这些栩栩如生的机器人的某些行为，这些行为可能真的会把我们变成更残忍的人类。

如此表述之后，达林的解释微妙地从明确认定为受康德启发的义务论观点，转向听起来更像道德伦理的东西。科克伯格（2016，6）解释道："根据这一论点，虐待机器人之所以错误，原因并不在于机器人如何如何了，而是因为反复地、习惯性地这样做会以错误的方式塑造人的道德品质。"因此，问题并不在于违反了道德义务或是对机器人造成不良的道德后果，这是一个品格和美德的问题。虐待机器人是一种恶。这种思维方式，虽然可能有利于发展新的法律保护形式并证明其正当性，但使先前被排除在外的其他人的加入变得不那么无私。它把动物和机器人同伴变成了仅仅是人类自身利益的工具。换句话说，他者的权利与他们无关（至少不是直接有关）。重要的是我们及我们与他人的互动。或者就像萨拜因·奥埃尔（Sabine Hauert）

在与达林的"机器人播客"对话中总结的那样："所以这实际上是为了人类而保护机器人，而不是为了机器人。"（Darling 和 Hauert 2013）

布莱·惠特比（Blay Whitby 2008）在呼吁机器人专业人士考虑机器人虐待问题及其可能的保护时也阐述了类似的观点。与达林一样，惠特比也意识到，他希望解决的问题与机器人人工制品本身几乎没有关系。惠特比（2008，2）解释说："很重要的一点，要明白'虐待'这个词在这里并不意味着机器人或智能计算机系统有任何能力像我们通常认为的人类和一些动物那样遭受痛苦，"因此，"虐待机器人的道德规范"（Whitby 2008，2）主要是关于人类的，只是间接地跟机器有关。"就目前而言，"惠特比（2008，4）又说，"我们排除了任何人工制品本身能够感知任何真正的或道德上的重大痛苦的情况。因此，我们只关心人类（可能还有动物）的道德后果。"因此，惠特比关心的不是机器人对于受到虐待可能会有怎样的感觉。就当前目的而言，这个问题完全被排除在认真考量的范围之外。然而，真正重要的是，对机器人的虐待和对此类人工制品的虐待可能会对人类、人类社会机构，甚至通过附带的让步，对某些动物产生不利影响或以其他方式造成伤害。正如艾伦·迪克斯（Alan Dix 2017，13）准确总结的那样："惠特比呼吁修改职业行为准则，以处理对人工行动者的虐待行为问题，不是因为这些行动者本身具有任何道德地位，而是因为对其他人有潜在的影响。这些影响包括施虐者本身可能受到的心理伤害，以及对人工行动者的暴力可能会蔓延到对其他人的态度。"

这种以人为中心的做法在其他的机器人权利研究中仍在继

续，比如胡灿·阿什拉菲安（Hutan Ashrafian 2015，5）关于机器人对机器人（robot-on-robot）暴力的思考。阿什拉菲安在研究中指出了一个他认为机器人伦理缺失的领域。他认为，所有关于机器人伦理的问题都与人类和机器人之间的互动有关。关于机器人对机器人（或人工智能对人工智能）的交互以及这些关系如何影响人类观察者的思考则被遗忘了。阿什拉菲安举了动物虐待的例子，比如斗狗。在美国，狗对狗暴力的问题在于这种展示对我们有什么影响。"鼓励动物打架或不必要地伤害彼此是违法的。在这种情况下，一个动物对另一个动物造成身体上的伤害（在其进化的生态系统中对既定生物和营养需求的伤害除外）被认为是不宜于人类社会的"（Ashrafian 2015a，33）。同样的问题也可能发生在机器人身上。"同样，人工智能对人工智能或机器人对机器人的暴力和有害行为是不受欢迎的，因为它们由人类设计、建造、编程和管理，因此，人工智能对人工智能的暴力将源于人类作为人工智能和机器人的创造者和控制者的失败。因此，在这个角色中，人类是负责任的引导行动者，引导它们有知觉的或理性的人工智能的行为，因此任何人工智能对人工智能的虐待都会使人类在道德和法律上受到谴责"（Ashrafian 2015a，34）。[1]

与达林一样，阿什拉菲安遵循康德的理论。他的论点是，机器人对机器人的暴力可能是跟虐待动物一样的道德问题，其

---

① 这正是广受欢迎的电视系列剧《机器人战争》（1998—2004 和 2016 至今）的组织原则和存在的理由。这部电视剧为了（人类）娱乐的目的，上演了机器人之间（并延伸到设计和建造机器人的人类团队之间）的暴力冲突。"观察机器人互相虐待可能会导致心理创伤"（Ashrafian 2015a，36）的命题在事实上是否成立，仍然是一个悬而未决的问题。

原因不在于这将伤害机器人或动物，而在于这会影响我们——让这样的暴力发生，并因为允许这样的暴力发生而致声誉受损（理由就是如此）的人类。"因此，"阿什拉菲安（2015a，34）总结道，"机器人的设计和操作运行应当考虑防止人工智能对人工智能的对固有权利的侵犯行为，因为对道德规范的关注可以维护文明的人性概念。"出于这个原因，（至少在最初）看似利他的对于他者权利的关怀，实际上是对我们自己的关心，也是在看到他者被虐待时，对我们自己会有何感觉的关切——不管这些他者是动物还是机器人。

　　推广良好的人工智能—人工智能或机器人—机器人的互动将提升人类的良好形象，因为人类终究是人工智能的创造者。与人类智力和理性相当的、理性、有知觉的机器人将容易受到人类情感的影响，比如遭受虐待、心理创伤和痛苦的能力。这将对挑起这一伤害的人类创造者造成严重的影响，即使不是在有形的意义上直接影响人类。事实上，可以认为，观察机器人互相虐待（就像上面的例子）可能会给观察人工智能对人工智能或机器人对机器人的侵犯行为的人类带来心理创伤。因此，人工智能或机器人的创造应该包括一个容纳良好的人工智能对人工智能关系的法律。（Ashrafian 2015，35-36）

　　换句话说，考虑单个机器人之权利的原因不是为了机器人，而是为了我们自己，通过虐待机器人的方式来观察对这些权利的侵犯会对人类产生有害影响。

戴维·利维（2009）《人工意识机器人的伦理治疗》中也提出了类似的观点。事实上，他对"机器人权利"的论证与康德对关于动物的"间接责任"的表述几乎是一致的，尽管利维和惠特比一样，没有明确承认这一点：

我相信，我们对待类人（人工）意识机器人的方式将影响我们周围的人，因为通过设定我们自己对待这些机器人的行为，我们树立了一个应该如何对待其他人的例子。如果我们的孩子从他们的父母那里看到对着机器人大吼大叫或者殴打机器人是可以接受的行为，那么，尽管我们可以通过编程让机器人感觉不到这样的痛苦和不幸，但我们的孩子很可能觉得这样对待人类也是可以接受的行为。由于机器人表现出的意识，许多人，尤其是儿童，将会认为机器人在某种意义上与人类处于同一层面。这就是我论点背后的理由，我们应该在对待有意识机器人方面做到伦理正确，但是其原因并不在于机器人会因为被打或被吼而经受虚拟的痛苦或虚拟的不快乐。（Levy 2009, 214）

对利维来说，真正重要的是机器人的社会环境和人们对机器人的感知将如何影响我们，并影响对待其他人的方式。利维（2009, 215）的结论是："用伦理上可疑的方式对待机器人将传递这样一个信息：用同样伦理上可疑的方式对待人类是可以接受的。""因此，我们关注的不是机器人本身，而是作为人类社会性和道德行为工具的人工制品。"列维"想他人不敢想"，并热衷于"机器人应该被赋予权利并受到符合伦理的对待"（Levy

2009，215），结果他的努力只不过是工具主义的又一个版本而已，即机器人变成了我们道德交互的一种手段或工具，"机器人权利"则是为了人类的道德行为和教化着想而正确使用机器人的问题。

四、关键问题

最后，这些各式各样的论点都基于一个未受置疑的主张和假设。正如惠特比（2008，4）所解释的那样：认为虐待任何类人物品的行为在道德上都属错误的观点包含了许多其他的主张。其中最明显的是，那些虐待类人物品的人会因此而更有可能虐待人类。间接责任论证——就像达林、利维等人所使用的那种论证——做了个决定论的假设，也就是说，虐待机器人将（硬决定论的立场）或很可能（决定论的较弱版本）导致个人对真实的人和其他实体（比如动物）做出这种行为。如果这听起来似曾相识，那就应该如此。惠特比（2008，4）指出：近年来，"他们可能真的这么做"的说法在其他技术方面受到了大量关注。与当前讨论最相关的技术可能是计算机游戏。在早先一篇关于虚拟现实（VR）的文章中，惠特比详细阐述了这场辩论的具体内容：

这一论点（"他们可能真的这么做"）表明，经常在虚拟现实中实施强奸和谋杀等道德上应受谴责的行为的人，更有可能因之而在现实中实施此类行为。这当然不是伦理学讨论的新起点。事实上，与此相反的观点至少可以追溯到公元前三世纪。它是基于亚里士多德的净化概念。本质上，这一反论点声称，在 VR 中做出道德上应受谴责的行为，往往会减少用户在现实中做出此类行为的需要。关于这两个论点中哪一个正确的问题纯粹是经验问题。不幸的是，目前还不清楚什么样的实验能够解决这个问题……用科学的方式来解决这个争论几乎没有什么前景。（Whitby 1993，24）

在这篇文章中，惠特比指出了电子游戏和虚拟世界学术界的某种僵局。他的结论得到了其他人的支持和验证。约翰·谢里（John Sherry 2001 和 2006）对电子游戏中虚拟暴力的研究进行了集中分析，发现几乎没有证据支持当前争论的任何一方。与电视上的争议不同，现有的关于电子游戏之影响的社会科学研究并没有那么引人注目。尽管有超过 30 项研究，研究人员仍不能就暴力内容的电子游戏是否对攻击性有影响达成一致意见（Sherry 2001，409）。因此，惠特比只是将计算机游戏中对虚拟实体的暴力行为的不可判定性扩展到对实体机器人的虐待。

通过计算机游戏的例子，我们可以得出一些与虐待机器人有关的结论。首先，这种活动让参与者更有可能"真正去做"的经验性论断将受到高度质疑。与之相对的论断通常是亚里士多德的"净化"概念（1968）。这意味着，通过对机器人做一些事情（至少以虚拟的方式），会减少在现实中做这些事情的欲望。净化论的主张是，虐待机器人减少了人们虐待人类的需要，因此在道德上是好的。（Whitby 2008，4）

这无疑使情况更加复杂，因为这导致人们对于虐待机器人之社会影响和作用产生了相当大的不确定性。例如，我们能否说，正如达林、利维和其他人所主张的那样，对机器人的虐待产生了真正的虐待，从而证明了有理由在某种程度上保护人工制品，甚至限制此类行为（或者更有力地说，可能将此类行为入罪）？或者对机器人的虐待在事实上是有治疗和净化能力的，因而能产生相反的结果，即证明了可以通过虐待机器人人工制品来缓和暴力倾向，使真正的生物（比如人类和动物）不用遭受暴力伤害？在这一点上，现有的证据（或缺乏证据，视情况而定）根本没有办法以任何明确的方式回答这个问题。

为了更具体地说明这个问题，这里使用一个可以说是极端的，但很受欢迎的例子。有人可能会问，强奸一个机器人性玩偶是否真的像理查森（2016a 和 2016b）所暗示的那样，在实际上鼓励或助长了对女性和其他脆弱个体的暴力行为？[①] 抑或这种针对（或者说侵犯）那些可以说是纯粹人工制品的活动，是否真的提供了一种有效的方法来消除或转移对真人的暴力，就像罗恩·阿金（Ron Arkin）（据报道）所建议的那样，使用类似儿童的性机器人来治疗恋童癖？（Hill 2014）[②] 正如达纳赫

[①]　或者就像达林（2016a，224）所描述的那样："我们可能很快就要考虑是否允许人类和社交机器人之间的性行为，而就目前来说，如果接受者是活生生的人或动物的话，我们是不允许的。"在我们的文化中，兽交、强奸，特别是与未成年儿童发生性行为是受到谴责的，我们的法律制度对这些也有严格管制。可以想象，为了保护我们当前的社会价值观，人们可能会要求法律禁止对社交机器人实施性虐待。

[②]　这里是达纳赫（Danaher 2017，90）描述这种思维方式的逻辑："既然我们假设在机器人性虐待中不存在道德受害者，那么真实世界的强奸和儿童性虐待显然比机器人性虐待糟糕得多。任何降低现实世界行为风险的举措都是值得的。我建议，应该积极认真地研究这种降风险举措的可能性。这对社会有重要的裨益，对那些患有某种形式的性欲减退症的人也有好处。人们已经提倡对这类人采取更激进的治疗方法，比如化学阉割。允许使用性机器人意味着对隐私等的侵犯性更少，可以说是更可取的。"

（Danaher 2017，90）总结的那样，有三种可能的外部影响值得关注。首先，参与机器人强奸行为和机器人儿童性侵犯行为大大增加了人们在现实世界中做出类似行为的可能性。第二，参与机器人强奸行为和机器人儿童性侵犯行为会显著降低人们在现实生活中做出类似行为的可能性。第三点是，它对一个人在现实生活中做出类似行为的可能性没有显著的影响，或者说其影响难以确定。尽管这个问题在视频游戏暴力的研究中已经存在并有大量论述，但上述疑问不仅仍未得到解决，而且很难（甚至可以说是不可能）以科学上合理、道德上适当的方式进行研究。例如，如果目标是测试强奸机器人性玩偶会否使人更容易在现实生活中做出这种行为，即到底是会让一个有性暴力倾向的人得以宣泄释放，还是会对个人行为没有显著影响——我们可以想象就此课题要设计一个可以通过标准的 IRB 审查的实验有多难。①

　　因此，达林的论点远没有最初看起来或宣传的那么有决定性和挑衅性。她的主张不是机器人应当拥有权利，甚至不是我们应该给予它们法律保护，尽管她的一篇文章的标题是"将法律保护延伸到社交机器人"。事实上，当萨拜因·奥埃尔提出这个问题并直接问她，"我们应该保护这些机器人吗？为什么？"（Darling 和 Hauert 2013），达林的回应是退却，并试图重新调整预期：

---

　　① 为了应对这不可判定性，达纳赫（Danaher 2017, 95）建议，在"获取关于使用此类性机器人之外在影响的有效证据"方面，任何"外在观点"都需要非常小心，他还提出了一种"似是而非的初步论证"，无需使用或依赖这些外在条件和后果就可以给机器人强奸和虐童案定罪。

所以对于我们是否应该有一个实际的法律来保护它们，我还没有最终回答这个问题，但是，关于对这些物品实施某种虐待保护，我们可能想要考虑两个原因。首先是因为人们对此有强烈的感受。所以我们不让人们割掉猫的耳朵然后放在火上烧的原因之一是人们对这种事情有强烈的感觉，所以我们有法律保护应对这种虐待动物的行为。我们想要保护与我们进行社交互动的机器人的另一个原因，是要阻止在其他环境中可能有害的行为。所以，如果一个孩子不明白恐龙 Pleo 和猫的区别，你可能想要阻止孩子踢它们。同样的，你可能想要让我们就像对待活着的物体一样对待我们认为是活着的东西，以此来保护成年人或者整个社会的潜意识。还有一个例子可以说明这一点，通常，在虐待动物的案例中，如果家里有几个孩子，当动物在家里被虐待时，往往会引发同一个家庭的虐待儿童案件，因为这种行为会转化。(Darling 和 Hauert 2013)

因此，达林的论点不是机器人应当拥有权利，或者应该得到某种程度的法律保护。她不愿意走那么远，至少现在还不愿意。她的论点更加谨慎和保留：鉴于人类使用者有着将物品人格化的倾向，容易把思想状态投射到看似活着的物体上，比如机器人和其他人工制品，再加上考虑到虐待机器人可能会鼓励人类虐待其他生物（尽管这还有待采用某种方法来证明），也许我们应该开始"思考对这些物品实施某种虐待保护"。

第 3 节　结语

达林提出了似乎是支持机器人权利的最强有力的理由之一。她的提议之所以具有挑衅性，就在于它似乎将机器人本身的社会地位视为一个道德和法律问题。她因此承认并努力应对一些普雷斯科特（2017，144）也发现了的东西："我们应该考虑人们如何看待机器人，例如，他们可能会觉得自己与机器人之间存在着有意义和有价值的关系，或者他们可能会认为机器人具有重要的内部状态，比如经受痛苦的功能，尽管它们没有这样的功能。"但是，与预期相反，这一努力的结果却令人沮丧和失望。

说令人沮丧是因为达林的论点主要依赖于轶事证据，即新闻报道和其他研究人员讲的故事，以及公认不那么科学的演示。这意味着她的论点——即使直觉上是正确的——仍然停留在个人情感和经验的层面。这甚至不是说她需要设计和完成必要的实验来证明她的拟人观假设。她所需要做的只不过是利用现有文献中已有的工作，为其他人已经公开的发现增加法律或道德方面的内容。没有科学研究——可以重复和测试的研究——作为基础，她使用的证据可能反而会削弱她自己的论点和建议。此外，所有这些都令人失望，是因为就在你以为她会认真仔细地深思机器人权利时，她却撤回力道，蜻蜓点水般退回到康德式的舒适立场，让一切都围绕着我们人类自身转。对达林来说，机器人归根结底只是人类社交的工具，为了我们自己，我们应该善待它们。

第6章
另类思维

从前面4章可以明显地看出，任何一种情态都有其自身独特的优势，同时也面临着诸多挑战。因此，对于"机器人能且应当拥有权利"这个问题，上述四种情态均无法为我们提供一个明确而毫无争议的解决方案。面对这一结果，人们显然还可以继续编造论据、积累证据，并用发人深省的实例来支持某种模式。但是，这种努力几乎或根本不可能将这个问题的争论向前推进并超越我们目前所处的立场。为了获得看待事物的新视角，我们可以（或许应当）做一些不同的尝试。这一新的尝试，即另类思维试图以一种显著不同的方式对其他形式的他者性做出回应，对于"是—应推论"的争论既不支持也不反对，更不会支持四种模式中的任何一种。相反，它对这个概念结构进行了解构①。

这正是伊曼纽尔·列维纳斯（Emmanuel Levinas）

---

① 关于"另类思维"这一说法的重要性以及解构的（非）方法，请参见引言。

提出并加以发展的创新。与常规的思维方式截然相反，列维纳斯提出了伦理先于本体论的主张。换言之，就时间顺序和地位而言，价值层面的"应"或"应该"维度是第一位的，而本体论（是或能）是第二位的[①]。显然，这是一个深思熟虑的挑衅行为，与哲学传统背道而驰。正如卢西亚诺·弗洛里迪（2013，116）多次在其道德理论中正确指出的那样"实体是什么（本体论问题）决定了它所享有的道德价值（道德问题）的程度。"列维纳斯故意颠倒并扭曲了这一过程。按照这个另类的思维方式，罗杰·邓肯（Roger Duncan）（2006，277）将其称之为"从本体论看伦理学的不可导出性"，我们最初面对的是一群闯入我们生活的匿名者，在对他们和他们的内在运作一无所知之前，我们甚至就有义务对他们做出回应。用休谟的术语来说——这其实是休谟哲学词汇的一种翻译而并非他的原话，这在列维纳

---

① 尽管这超出了本书分析的范围，但在这里对伊曼纽尔·列维纳斯的哲学创新和克努兹·艾勒·勒斯楚普（Knud Ejler Løgstrup）所做的研究进行比较还是很有意义的。在勒斯楚普所著《道德需求》英译本的引言中，麦金太尔（MacIntyre）和汉斯·芬克（Hans Fink）做出了如下评论：

齐格蒙特·鲍曼（Zygmunt Bauman）在他的《后现代伦理学》（Oxford：Blackwell，1984）——有关后现代主义观点的杰出概述一书中指出，勒斯楚普的研究与列维纳斯有着千丝万缕的联系。1930年，列维纳斯在斯特拉斯堡（Strasbourg）讲学，当时勒斯楚普也在那里求学，但是没有证据表明勒斯楚普曾经听过他的讲座。就他们二人与胡塞尔的关系而言，作为胡塞尔的学生列维纳斯的理论自始至终和胡塞尔的现象学十分接近，而勒斯楚普则常常有自己的不同立场，这些立场有时甚至与胡塞尔是对立的。但是鲍曼的论述表明，在一些关键问题上，列维纳斯和勒斯楚普是非常相似的（MacIntyre和Fink 1997，xxxiii）。

麦金太尔和芬克指出了列维纳斯和勒斯楚普对他者回应研究的重要相似之处并对此进行了比较，强调责任"不是从任何普遍规则、一套权利或人类利益的确定概念派生出来的，也不是建立在这些规则或权利之上的，因为它在道德生活中比所有这些都更重要"（MacIntyre和Fink 1997，xxxiv）。

斯自己的表述中是没有的——我们首先有义务做出回应，在做出回应之后，我们才能够确定和识别回应的内容或对象。正如雅克·德里达（Jacques Derrida）（2005，80）所描述的那样，关键在于"能够达到区别出现的人和将要出现的事物的程度"。

第 1 节　列维纳斯 101

在这种情况下引证和运用列维纳斯的理论存在两个问题。首先，对于许多在机器人伦理、机器伦理、技术哲学等领域的研究者而言，列维纳斯仍然是另类的。在面对这些技术机遇和挑战时，他的哲学研究处于道德探究标准方法的外围或者边缘地带，与道德探究的标准方法格格不入。可以说列维纳斯是欧洲大陆传统哲学中最负盛名的道德理论家，然而他的研究在诸多著述，比如《道德机器》（Wallace 和 Allen 2009）、《机器伦理》（Anderson 和 Anderson 2011）、《机器人伦理》（Lin 等2012 和 2017）、《信息伦理》（Floridi 2013）以及《机器人法律》（Calo，Froomkin 和 Kerr 2017）中并未占据一席之地，只是在《机器人哲学》（Seibt，Nørskov 和 Andersen 2016）和《社交机器人》（Nørskov 2016）等研究中得到了少许关注。因此，列维纳斯和他的哲学创新所带来的"他者性伦理学"仍然是一种异类的存在，或者更为确切地说，在道德哲学努力应对机器人和新兴技术带来的机遇和挑战的过程中被排除在外。

其次，列维纳斯（以及许多追随他独特哲学探究风格的人）在这一点上并没有起到多大的作用。列维纳斯肯定会抵制和极力反对将他的研究应用于通用技术，尤其是机器人的应用上。事实上，直到 1995 年列维纳斯去世为止，他几乎没有撰写过任何与技术相关的文章，也没有提到过 20 世纪计算机、计算机网络、人工智能和机器人技术等领域的创新所带来的机遇和挑战。更为糟糕的是，他的"他者性伦理"很难适应和回应除了另一个人类实体之外的任何事物。"在他的哲学著作主体中，"芭芭拉·简·戴维（Barbara Jane Davy）（2007，39）写道，"伊曼纽尔·列维纳斯认为伦理是人类关系所特有的。他认为由于植物和动物没有自己的语言，也没有像人类一样的面孔，因此我们无法与非人类的他者建立起他所说的'面对面'关系。"此外，列维纳斯的追随者在将他的哲学思想运用到技术方面所做的研究工作相当少。最近，列维纳斯理论或者彼得·阿勒顿（Peter Allerton）和马修·卡拉尔科（Matthew Calarco）（2010）所称的"激进的列维纳斯"被拓展运用到动物问题（Llewelyn 1991）、环境伦理学（Davy 2007）以及事物的他异性（Benso 2000）上，但很少有人为了技术而开发一个功能性的列维纳斯应用程序接口（API）。除了少数的边缘研究，如科恩（2000年，2010 年再版），科克伯格（2016c）和我自己（2007，2012和 2016b）已经发表的著作之外，很少有人尝试去发展列维纳斯的技术哲学。这里主要有两个原因：第一，在机器人伦理的标准程序和实践中，列维纳斯理论被排除在外甚至被边缘化。第二，在列维纳斯及其追随者的研究中，技术被边缘化。基于上述原因，如果要将列维纳斯哲学应用到机器人权利问题上，我们首先要解决一些基本问题，然后再重新设计并将这些创新拓展到机器人和相关技术上。

一、不同的差异

列维纳斯是一位有着立陶宛犹太人血统的法国哲学家。人们常常将他与 20 世纪晚期的思想家们联系在一起，这些思想家被贴上了"后结构主义"的标签（无论好坏与否）。所以，我们得先从"结构主义"这个术语的词根开始谈起。尽管结构主义并不构成一门正式的学科或单一的研究方法，但其独特的创新是索绪尔（Saussure）"结构语言学"发展的结果。在他死后出版的《普通语言学》一书中，索绪尔主张对语言的理解和分析方式进行根本性的转变。正如乔纳森·卡勒（Jonathan Culler）（1982，98-99）所描述的那样，"毫无疑问，普遍的观点认为语言是由词汇、真正的实体组成的一个系统，从而获得彼此之间的联系……"索绪尔颠覆了这个常识性的观点。他认为，语言的基本要素是符号，"符号的形成结构"，如 Mark Taylor（1999，102）解释的那样，是"二元对立"。"在语言上，"索绪尔（1959，1920）在《教程》中最常被引用的一段话中说，"只有差异。更重要的是，一种差异通常包含有确定差异的肯定术语；但在语言上，只存在没有肯定术语的差异。"因此，对索绪尔来说，语言并不是由具有某种内在价值或积极意义的个体语言单位组成的，这些个体语言单位通过它们之间的联系和相互关系构成了一个语言系统。相反，任何语言中的任何符号，都是由区别于它所属的语言系统中的其他符号所定义的。按照这种思维方式，符号是差异的结果，而语言本身则是由差异构成的系统。尽管索绪尔从未以明确的方式对此进行过阐述，但是语言的这个特征反映出数字计算机的逻辑，即二进制数字 0 和 1 没有内在的或实质的意义，而仅仅是一种指示符和差异的结果——就像开关一样，要么打开，要么关闭。

顾名思义，后结构主义被认为是结构主义创新的一种后效或进一步发展。泰勒（1997，269）指出，"一方面，研究者如雅克·德里达，雅克·拉康和米歇尔·福柯等人认为后结构主义并不构成一场统一的运动，另一方面，海伦·西克苏（Hélèn Cixous），茱莉亚·克里斯蒂娃（Julia Kristeva）和米歇尔·德·塞尔托（Michel de Certeau）等人则采用了另一种策略来颠覆二元对立的格局，结构主义者认为他们可以用这种格局来捕捉现实。"[①] 由于后结构主义并没有为统一的运动或单一的方法命名，因此使不同形式凝聚在一起的并不是潜在的相似性而是差异性，尤其是不同模式不同思维方式的差异性。换句话说，把后结构主义的不同表达方式结合在一起形成一个可以用这个术语来表述的从属关系并不是一种相同的研究方法和技巧，它们的共同之处在于它们不仅在结构主义的理论把握之外，而且在整个西方哲学的意识形态结构之外，还在与通常位于概念对立之间的差异性进行斗争。因此，后结构主义多样化的研究方法都是以差异性为其目标，并努力以一种不同有时甚至是毫不相容的方式来表达。这种不同，由于没有更好的表述方式，可以说根本不同。

---

① 虽然这看起来像是在"罗列名单"，在某种意义上来说确实如此，但泰勒在这段引文中所提到的人名乃是后结构主义中广为熟知的"思想领袖"。雅克·德里达（1930—2004），雅克·拉康（1901—1981）和米歇尔·福柯（1926—1984）是后结构主义"哲学之翼"的代表人物，而海伦·西克苏（1937—），茱莉亚·克里斯蒂娃（1941—）和米歇尔·德·塞尔托（1925—1986）则是"社会科学"的代表，他们分别来自文学理论、符号学和社会学等领域。

对列维纳斯而言，这一努力的目标就是他所说的"同一性"。正如列维纳斯（1969，43）所言，"西方哲学通常是一种本体论：通过插入一个确保理解存在的中间词或中性词，将差异性归约为同一性。"按照列维纳斯的分析，西方哲学的标准运作假设就是尽量减少或调和明显差异。在道德哲学的历史中，这通常是以一系列相互竞争的中心主义和不断扩大的道德包容圈所形成的。例如，人类中心伦理学假定一种共同的人性，这种人性决定了种族、性别、种族划分、阶级等方面的感知差异基础并对其加以佐证。正是因为这假定的共同人性，我才有义务对另一个人做出回应，无论他在外貌和地理位置上有多么偶然的差别，我都会给予他道德上的关怀和尊重。生物中心伦理学通过假设生命本身具有一种共同的价值，从而扩展了包含的范围，这种价值掩盖了所有形式的生物多样性形式。弗洛里迪（2013，85）在信息伦理的本体中心理论中提出的观点是一种更具包容性和普遍性的宏观伦理学形式，是道德扩张主义努力的"最终完成"（Floridi 2013，65）——它是"存在"，是本体论的本质，被认为是所有显著差异的基础和支柱。弗洛里迪（2013，85）写道："信息伦理就是用本体中心论取代生物中心论的生态伦理。信息伦理认为还有比生命更基本的东西即'存在'——所有实体及全球环境的存在与繁荣兴盛。"[1]

所有这些创新，尽管关注点不尽相同，却都采用了类似的策略和逻辑：也就是说，为了更好地描述日渐扩大的圈子，涵

---

[1]　有关伦理信息和本体中心论构想的批判性阅读和评价可参阅作者的著作（2012）。

盖更广泛的潜在参与者，他们对道德关怀的中心点进行了重新界定。对于该由什么来决定这个中心点以及谁应该包括在内，谁不应该包括在内还存在诸多争议，但这些争议并不是问题所在，问题在于策略本身。这些不同的伦理理论采取中间路线，试图在不同个体的现象多样性中找出本质上相同的东西。因此，它们通过有效地消除和减少差异，从而涵盖了更多的他者。这种方法，从表面上看更具包容性，其实抹杀了他者独特的差异性，从而使他们趋于相同。按照列维纳斯（1969和1981）的说法，这其实是西方哲学的标志性姿态，对他人造成了很大的暴力。环境伦理学家托马森·伯奇（1993，317）写道，"任何道德关怀标准的实践，都是一种权力行为，最终对他人都是一种暴力行为。"因此，问题的难点并不在于决定哪种形式的中心主义或多或少地包容了其他形式，而在于策略本身，它只有通过缩小差异并将他物转化为同样的形式才能取得成功。

列维纳斯故意中断并抵制这种同源性或简化论，正如他所说，这是一种"盗用和权力"的行使（Levinas 1987，50）。他不仅对那些普遍术语提出了异议，这些术语被认为是强调差异的共同本体论的基本元素，而且还对包含这种属差的逻辑本身进行了评判。"以这种方式来理解，"列维纳斯（1969，43）写道，"哲学致力于将一切与它相对的其他事物简化为与它相同的事物。"作为对这一观点的直接回应，列维纳斯的哲学与其他形式的后结构主义思想一样试图采用不同的方式来应对差异，即通过阐明一种道德关怀形式对他人做出回应并对他人承担责任①，不是作为一种在本质上与自己相似的东西，而是其不可约的差异性。列维纳斯不仅对西方本体论的花言巧语提出了批判，还提出了一种激进的差异性伦理学，其故意抵制和中断哲学的态度，也是为了将差异缩小到相同的程度（这在以人类为中心、以生物为中心和以个体为中心的道德理论的所有形式中都是显而易见和卓有成效的）。这种截然不同的思维方式——我在其他场合（2014a，113）将其称之为"古怪的他者性伦理"——并不仅仅是一种有用的权宜之计。换言之，这并不仅仅是一个噱头，而是一个基本的重新定位，它有效地改变了游戏规则和标准的操作假设。通过这种方式，列维纳斯（1969，304）得出结论，"道德不是哲学的一个分支，而是第一哲学。"这一论断有意反驳和颠覆了传统哲学思维形式中的一个基本假设。从亚里士多德到海德格尔，"第一哲学"的名称都被赋予了本体论的角色。因此，通过比较，伦理学在顺序和地位上都被假定为次要的。列维纳斯认为这个顺序应该颠倒过来：道德是第一位的，

---

① 保罗·里克尔（Paul Ricoeur）（2007，11）在他的同名论文中极富洞察力地指出，"责任的概念"一点也不清晰，也没有被很好地定义。尽管这个词在司法中的使用可以追溯到 19 世纪，似乎已经相当完善——以民事和刑事义务（赔偿损害的义务或接受惩罚的义务）为特征的"责任"——仍然有些混乱而模糊。

首先，让我们感到惊讶的是，在司法层面有如此确切意义的一个术语竟然具有这样的近代起源，并且在哲学传统中没有得到很好地确立。其次，对这个词目前的广泛使用和扩散令人费解，特别是因为它们远远超出了其司法适用的限度。形容词"responsible"可以用来补充很多事情：你不仅要对自己的行为后果负责，还要对他人的行为负责，只要这些行为都是在你的监督和看管下完成的……在这些泛用的指称中，义务并未消失，而是变成了履行一定义务、承担一定责任、履行一定承诺的义务了（Ricoeur 2007，11-12）。

里克尔（2007，12）通过词源将这个词的意思（因此这篇文章的副标题是"语义分析"）追溯到"动词 'to response' 的多义性"，意为"回答……"或"回应……（一个问题、上诉、禁令等）"。正是该词的这个意义而不是更受限制的司法使用在列维纳斯哲学中起了作用。

而本体论是第二位的、派生的。

因此，列维纳斯的哲学并不是通常理解的伦理学、元伦理学、规范伦理学，它甚至也不是应用伦理学。约翰·卢埃林（John Lewelyn）（1995，4）称它为"原始伦理学"，而德里达（1978，111）则认为它是"伦理中的伦理"。"的确，"德里达（1978，111）解释说，"列维纳斯意义上的伦理是一种没有法律和概念的伦理，它只有在被确定为概念和法律之前才保持其非暴力的纯粹性。"这并不是一种反驳：我们不要忘了，列维纳斯并不是想要提出法律或道德规则，也不是要确立一种道德，而是要探寻一般道德关系的本质。但是，由于这种决定本身并不是一种伦理学理论，因此，我们需要讨论的是伦理中的伦理。[①]这一根本性的重构，将伦理置于顺序和地位的首位，让列维纳斯得以规避和转移许多传统上阻碍道德关怀的困难，尤

---

① 安东尼·比弗斯（Anthony Beavers）（1995，109）也提出过类似的观点："然而，我们必须记住，列维纳斯实际上从来没有真正提出过伦理。事实上，他写道，'毫无疑问，人们可以根据我所说的来构建一种道德规范，但这并不是我的主旨思想'（Levinas 1985，90）……列维纳斯的方案对道德责任的起源进行了定位；他决定如何赋予自由应有的权利。他没有从规范的角度来确定这意味着什么，诚然，从一开始就很难准确地看到一个人如何从列维纳斯道德责任的形而上学基础发展到伦理学。"但与德里达和其他注意到这一事实并追究其后果的人不同，比弗斯则努力从列维纳斯的"原始伦理"中建构规范伦理。比弗斯（1995，109）解释道："为了建立道德互惠，我们必须着手完成列维纳斯关于自我与他人关系的描述。一旦自我被视为他者的他者——也就是作为向他人发出道德命令的另一个人，相互关系的可能性就会被开启，平衡自我与他人需求和欲望的道德规范也可能随之出现。"尽管这听起来像是一个大有作为的提议，但是这些形而上学的标准概念，如"互惠"和"相互关系"与列维纳斯哲学在本质上就是格格不入的，因为列维纳斯从一开始就坚持认为伦理关系——即他人的突然出现并与之相遇——是且仍将是基本不对称的。"列维纳斯告诉我们"，邓肯（2006，271）解释道，"道德责任从我身上转移到邻居身上并不是对称决定的一部分，在这种情况下我可以说我们双方都肩负着同等的责任，或者只要我把责任归于我的邻居，我就会发现自己对他的责任负有责任。没有所谓的平分秋色这一说。"

其是在解决其他形式的差异性时所做的努力。

二、社会的和关系的

按照这种不同的思维方式，道德地位的决定和授予不是基于在社会交往之前就已确定的实质性特征或内在属性，而是基于经验上可观察到的外在关系。正如马克·科克伯格（Mark Coeckelbergh）（2010a，214）所说，"道德关怀不再被视为实体的'内在'，而是被视为'外在'的东西：它属于社会关系和社会语境中的实体。"当我们与其他实体（无论是另一个人、动物、自然环境还是家庭机器人）相遇并产生互动时，这个实体首先是在同我们接触和互动的关系中被体验到的。也就是说"关系总是先于被关系者的"（Coeckelbergh 2012，45）。或者如列维纳斯（1987，54）所言，"经验，即无限的概念是在与他人的关系中产生的，无限的概念就是社会关系。"因此，道德地位的问题并不取决于他 / 她 / 它在本质是什么，而在于他 / 她 / 它（此处代词的选择也成了一个问题）是怎样突然出现在我的面前，我在"面对他人"（用 Levinas 的术语）时，应该如何对他人做出反应并对他人负责。在这种交往中，"关系先于相关的事物"（Callicott 1989，110）形成了继科克伯格（2010a）之后安妮·格迪斯（Anne Gerdes）（2015）所称的伦理学上的"关系转向"[①]。因此，与弗洛里迪（2013，116）的描述相反，实

---

① 有关"关系转向"应用于动物权利哲学问题的批判性调查，参见科克伯格和贡克尔的文章:《面对动物——相对的他者导向道德立场方法》（2014）和米哈尔·皮耶卡尔斯基（Micha Piekarski）（2016）提供的批判性评论以及科克伯格和贡克尔（2016）对皮耶卡尔斯基批评的答复。

体是什么并不决定它所享有的道德价值的程度。相反，暴露在他者面前即列维纳斯所称的"伦理"先于所有本体论的构想和规定。虽然列维纳斯从未使用过休谟的术语，但"应"先于"是"。

类似的社会关系伦理形式，即"应"先于"是"（在顺序和地位上）可以从非西方世界的文献中找到来源。西方人常常借助这些文献来为传统意义上的"他者"寻求另外的选择。正如我们在前一章中所看到的，拉亚·琼斯通过借鉴东方尤其是日本对集体主义的不同表述来反驳西方的"个人主义世界观"（Jones 2016，83-84）。与列维纳斯哲学相似，琼斯（2016，83-84）断言，"远东地区社会机器人的贡献"在于它并不关注机器人实体的内在或本体属性，而是关注人类社会的结构和模式，人类社会通过这些结构和模式与机器人所体现和执行的变化进行交互。在这些社会场景中，"他者"不仅仅局限于另一个人，它可以是一个"无生命的物体"（Jones 2016，83-84）。虽然列维纳斯本人并没有论述或追问过自己的"他者性伦理"与琼斯所描述的非西方贡献之间有着怎样的联系，而琼斯本人在描述道德关怀的集体主义方法时也并未提及列维纳斯的理论，不过这两种传统学说之间有着重要的相似之处——也许并不完全"相同"。这种同源性对于列维纳斯哲学来说或许显得过于粗糙，但这些重要的相似之处可以跨越并包容文化差异。

按照列维纳斯（和其他追随者）的说法，他者总是在做出习惯性决定和谁是道德主体、什么是道德主体，什么不是道德主体这个争论发生之前就迫使我承担了义务。卡拉马科

（2008，71）写道，"如果道德产生于与他者的相遇，而我的利己主义和认知阴谋根本无法预料或将其还原"，那么要确定他者的这个"谁"，就不是一件一劳永逸或有任何把握的事情。然而，这种明显的无能或优柔寡断并不一定是个问题，相反它是一个很大的优势，因为伦理的大门不仅向他者，而且向其他形式的他者（即那些与另一个人不同的其他实体）敞开了。"如果确实是这样，"卡拉马科（2008，71）总结道，"也就是说，如果我们不知道面孔的起点和终点，不知道道德关怀的起点和终点，那么我们就有义务从任何事物都可能会有一张面孔的可能性出发。我们还有义务将这种可能性永远保持下去。"因此，列维纳斯哲学不会对"谁"或"什么"将被视为合法的道德主体而事先做出承诺或决定。对于列维纳斯来说，任何面对"我"并对其直接的自我介入提出质疑的东西（或列维纳斯所说的"ipseity"，拉丁派生词，"个体"的意思）都将被视为他者并构成道德的场所。

这种观点的转变——将伦理关系置于本体论决定之上，从而颠覆了标准的操作程序——已经不仅仅是一种理论假设。事实上，它已经在计算机和机器人的大量实证研究中得到了实验证实。比如，里夫斯和纳斯（1996）对"计算机作为社会参与者"的研究表明，人类用户赋予计算机与他人相似的社会地位。这是外部社会交互的产物，与相关实体的实际内在或本体论属性（已知或未知）无关。里夫斯和纳斯发现，在面对机器时，人类测试对象倾向于把计算机当作另一个具有社会意义的他者。也就是说，绝大多数被试对计算机的变化做出反应是因为他们把计算机看作一个有价值的人而不仅仅是另一个物体——仅仅是工具或仪器并不重要——这是外在社会环境的产物，常常与本体属性机制背道而驰。虽然列维纳斯可能不会承认这一点，但是计算机作为社会参与者（CASA）和相关研究比如巴特内克和胡军（2008），阿斯特丽特·罗森塔尔·冯·德尔普藤等（2013）和铃木等（2015）等人所证明的正是列维纳斯提出并论证的；也就是说，对他人的伦理反应先于甚至超过了关于本体论属性的认识。

三、极端肤浅

在描述列维纳斯的思想时，"面孔"一词的使用是不可避免的。事实上列维纳斯为众人所熟知就是因为他的道德哲学与面孔尤其是"他者的面孔"有关。然而，这种对"面孔"的关注并非简单的权宜之计，而是对他人内心深层问题的肤浅回答。在面对他人时，他人头脑中看似持久而无法解决的问题——很难确切地知道面对我的那个人是否有清醒的头脑，是否具有经历痛苦的能力，或者是否拥有与道德相关的其他属性——这并不是道德决策之前就必须提出和解决的基本限制。列维纳斯哲学并没有受到这个经典认识论问题的羁绊或偏离轨道，而是立即肯定并承认它是道德本身的可能性条件，或者就像理查德·科恩（Richard Cohen）（列维纳斯的英语翻译之一）简单描述的那样，"注意，不是'他人的思想'，而是他人的'面孔'，以及其他所有人的面孔"（Cohen 2001，336）。就这样，列维纳斯为我们提供了一个似乎更为细致、基于经验的方法来解决他人思想的问题。迄今为止，他明确地承认并努力对他人最初不可消减的差异性做出反应并承担责任，而不是卷入各种投机的（常常是执迷不悟的）头脑游戏中。"伦理关系，"列维纳斯（1987，56）写道，"不是嫁接到认知的先存关系；它是基础而不是上层建筑。它比认知本身更具认知性，所有的客观性都必须参与其中。"

这就意味着道德决策的优先顺序可以或许应该被颠倒过来。内在的、实质性的属性并不是首先出现的，然后道德尊重就从这个本体论的事实中产生了。相反，道德的重要属性——我们假设的本体论标准建立在道德尊重的基础上——斯拉沃热·齐泽克（2008a，209）所谓的"逆向预先假设"是在与他人的社会互动时所做决定的结果和原因。换句话说，我们把与道德相关的属性投射到其他人身上，或者投射到那些我们已经决定将其视为具有社会意义的人身上——用列维纳斯的术语来说，就是那些被认为拥有面孔的他者。在社会情境中，在与他人的外在性作斗争时，我们总是并且已经决定了谁在道德上重要，谁不重要，然后通过"发现"我们认为最初促成这个决策的属性来追溯证明这些行为的正当性。因此，属性不是道德可能性的内在先天条件，而是在与他人以及面对他人时的外在社会互动的后验产物。

再次重申，这并不是什么了不起的理论构想，它不过就是机器智能的定义而已。尽管"人工智能"一词是 1956 年由约翰·麦卡锡（John McCarthy）在达特茅斯学院（Dartmouth College）组织的一次学术会议的产物，但艾伦·图林（Alan Turing）在 1950 年发表的论文及其"模仿游戏"，也就是现在通常所说的"图灵测试"中定义并表征了这个领域。虽然图灵在文章开头提出"机器能否思考"这个问题，但他立刻意识到要定义对象"机器"和属性"思考"并不容易。出于这个原因，他建议寻求另一种研究思路。正如他所言，这种思路可以"用相对明确的语言来表达"（Turing 1999，37）。"这个问题的新形式可以用'模仿游戏'来描述。在该游戏中有三个玩家，一个男人（A），一个女人（B）和一个审讯者（C），审讯者可以是男人，也可以是女人。审讯者和另外两个人分开，独处一室。审讯者的目标是要确定另外两个人中哪一个是男的，哪一个是女的。"（Turing 1999，37）审讯者通过简单的提问和回答做出判断。审讯者（C）向男人（A）和女人（B）提出各种问题，并根据他们对这些问题的答复（而且只能根据他们的答复）来辨别应答者是男人还是女人。"为了避免审讯者通过声音来辨别，"图林进一步规定，"所有的答案均采用书面形式，最好是用打字机打出来。最理想的安排是在两个房间之间安装一台电传打字机。"（Turing，37-38）

图林将他的实验又推进了一步。"现在我们可以这样问，'如果用一台机器来扮演游戏中的 A 角色又会怎样呢？''审讯者会像在一男一女之间进行的游戏时那样经常做出错误的判定吗？这些问题取代了我们原来的'机器能思考吗？'（Turing 1999，38）这个问题。"换言之，如果用计算机来取代模仿游戏中的男人 A，那么这个计算机设备能否对问题做出反应并在精确度相当高的情况下模拟另一个人的活动呢？如果一台计算机能够成功地模拟一个人在交流中的行为，以至于审讯者无法判断他是在与一台机器还是另一个人互动，那么图林的结论就是这台机器应该被视作"智能的"。换用齐泽克的说法，如果机器在交际互动中能够成功地冒充另一个人，那么就需要对该实体的智能属性做出"逆向预先假设"。这与他人的实际内部状态或操作无关，根据图林测试的规定，这些状态和操作是未知的，是隐藏在视野之外的。

第 2 节　列维纳斯应用哲学

将列维纳斯哲学应用到机器人的权利上，其优势在于它提供了一个全新的方法来应对所面临的挑战。这个挑战不仅仅来自机器人和其他自主技术，还来自在面对这种挑战时，我们惯常的解决问题和做出决策的方式。更为重要的是，列维纳斯的这一方案转移了问题的焦点，改变了争论的条件。比如，机器人能否拥有权力不再是一个需要决定的问题。这一问题在很大程度上是本体论需要探究的领域，涉及先前讨论的内在的、与道德相关的属性。现在我们需要对机器人——或者其他任何实体——是否应该拥有道德（社会）地位做出决定。这是一个伦理问题，做出这个决定并不取决于事物是什么，而是取决于我们在实际的社会情景和环境中如何与事物保持联系并对它们做出回应。"关系方法，"科克伯格（2010a，219）总结道，"表明我们不应该假设有一种道德包袱附着在相关的实体上，相反，道德关怀是在人与被考虑的实体之间的动态关系中赋予的。"那么，在这种情况下，人与人之间的交互实践优先于个体实体的本体属性或不同的物质实现。这种观念上的改变为我们提供了许多重要的创新，这些创新不仅影响机器人的伦理机遇和挑战，同时也影响着道德哲学本身。

一、机器人面孔

从列维纳斯的哲学视角来看①，"机器人能且应当拥有权利？"这个问题就变成了"机器人能且应当拥有面孔？"但是这个表达并不十分准确，因为有面子（to have face）或者拥有一张面孔（to have a face）中的动词"拥有"（to have）具有把"面孔"变成某人或某物财产的倾向。因此，在试图阐明替代方案的过程中，问题的形式存在再次使用属性方法来决定道德立场的风险。德里达（1978，105）已经对"他者"一词引发的复杂情况进行了识别和处理，"按照字典的分类，'他者'是一个名词性实词，但又不是通常意义上的名词性实词，它既不是普通名词，因为它不能带定冠词，又没有复数形式，"因为这个用法隐含了"财产、权利：财产和他人权利"的意思（Derrida 1978，105）。我们不需要继续追问"机器人能且应当拥有面孔吗？"或者"机器人能且应当成为另一个人吗？"而是应该重新思考这个问题的形式："如何才能让一个机器人取代并成为Levinas 意义上的他者？"这个问题认识到"他异性是一个动词"，不再追问"严格意义上的道德立场"，因为"立场"意味着道德是建立在一个本体论平台之上的。因此，这是一个更加"直接"的道德问题：在什么条件下，机器人——这个出现在我面前的特殊机器人——能够被纳入道德共同体？（Coeckelbergh

---

① 这种口语化的表达方式虽然在这个特定的语境中很有用，但也受到了列维纳斯对西方哲学史批判的影响。思辨的建构原则即我们如何看待事物，也就是柏拉图式的"存在之光"传统以及启蒙运动的遗产和逻辑都是意识形态的一部分，这在列维纳斯的著作中都是有问题的攻击目标。

和 Gunkel 2014，723-724，稍作修改）。

为了回答这另一个问题（一个用另类方式表述的问题，它能够解决他者和不同类型他者的问题），我们需要考虑的不是"机器人"作为一般本体论范畴，而是一个与特定实体相遇的特定实例——一个挑战我们换个角度思考问题的特定实体。例如，2014 年 7 月机器人 Jibo 第一次在世人面前出现。Jibo 到底是谁？是什么？这是一个有趣而重要的问题。在一段预售融资的宣传视频中，社交机器人的先驱人物辛西娅·布雷齐尔（Cynthia Breazeal）对 Jibo 做了如下的介绍：这是你的车。这是你的房子。这是你的牙刷。这些是你的东西。然而这些（镜头慢慢放大到一张家庭照片上）才是最重要的东西。在此向大家隆重介绍，中间的这个小家伙就是世界上第一台家用机器人 Jibo（Jibo 2014）。无论承认与否，这段宣传视频使用了德里达（2005，80）的"谁"和"什么"这对区别概念。一方面，在我们所拥有的东西中，有些被认为是纯粹的东西比如汽车、房子和牙刷。按照技术工具理论的说法，这些东西仅仅是工具，没有任何独立的道德地位（Lyotard 1984，44）。我们或许会担心汽车排放对环境造成影响（或者更确切地说对与我们共享地球的其他人类的健康和福祉造成影响），但汽车本身并不是一个道德主体。另一方面，正如宣传视频里描绘的那样"这些重要的东西"严格地说，并不仅仅只是"东西"，而是在社会上和道德上被认为具有重要意义的他者。与汽车、房子或牙刷不同的是，这些所谓的他者是有道德地位和权利（即特权、权利、债权和豁免权）的。换句话说，他们可以从我们的决定和行动中受益或受损。

我们被告知，机器人 Jibo 的位置是介于纯粹的事物和真正重要的人之间，因此，Jibo 不像汽车或者牙刷那样只是另一种工具。当然他／她／它（同样，代词的选择并非毫无问题）也不完全是照片中的另一位家庭成员，而是介于这两者之间。他／她／它处于伊德（1990，98）称之为"准他者"和普雷斯科特所谓的"阈限"之间的位置：

虽然目前大多数机器人只不过是工具而已，但我们正在进入一个新时代，在这个时代里，将会出现新的实体，它们将机器和工具的某些特性与心理能力结合起来，而我们此前认为，只有复杂的生物有机体才拥有这种心理能力。继康明秀 [2011,17] 之后，机器人的本体论地位或许可以用"阈限"来描述——既不完全像生物有机体那样生活，又不像传统机器那样简单机械。机器人的有限性使它们既迷人又可怕，成了我们对技术的非人性化效应普遍担忧的避雷针（Prescott 2017，148）。

值得一提的是，这并非史无前例。我们对其他处于类似矛盾社会地位的实体比如家犬相当熟悉。事实上，自笛卡儿的动物机器（bêtemachine）时代起，动物就一直是机器的另一种形式（Gunkel 2012 和 2017b），这为我们理解像 Jibo 这样的社交机器人的机遇和挑战提供了一个很好的先例。有些动物，比如被饲养作为食物的家猪，处于"什么"的地位，仅仅是我们认为合适时可以使用和处理的东西。其他的动物比如宠物狗则与另一个被视为"他者"的人更接近（尽管不完全相同）。它们有名字，和我们一起住在房子里，被很多人认为是"家族的一员"（Coeckelbergh 和 Gunkel，2014）。

正如我们所看到的，我们通常根据内在属性对在"什么"和"谁"之间做出的决定进行理论化和证明。这种方法将本体论置于伦理学之前，因此实体是什么决定了它如何被对待。虽然这种方法只是权宜之计，但也存在很大的问题（如前面第 3 章所述）：（1）在认定和选择合格属性时存在不一致的实质性问题；（2）定义具有道德意义属性的术语问题；（3）在另一个物体中发现和评估属性存在的认识论问题；（4）试图证明将道德地位扩展到他人身上是正当的，从而产生的道德关注问题。事实上，如果回到动物这个例子，我们似乎很难区分被作为食物和其他原材料而饲养、屠宰的猪和基于本体论属性而被视作家庭成员的狗（至少从当代欧洲和北美文化背景的角度来看）。就所有通常的标准而言——意识、知觉、痛苦，等等——猪和狗似乎（就我们所能知道和觉察到的而言）几乎没有什么区别。我们的道德理论对包含与排除的本体论标准进行了严格规定，但我们的日常实践似乎与之相悖，这恰好证明了乔治·奥威尔（George Orwell）在《动物庄园》（1945，118）中所言是正确的："所有动物都是平等的，但有些动物比其他动物更平等。"

正如列维纳斯所说，做出上述这些决定的替代方法认识到了谁是他者或谁可以是他者要复杂得多。例如，狗处于"他者"（或至少是伊德所谓的"准他者"）的重要位置，而猪则被当成一个东西排除在外。这并不是因为它们内在属性不同，而是因为这些实体在与我们的社会关系中所处的位置不同。一个动物与我们生活在一起并被赋予了合适的名字，用列维纳斯的术语来说就是有"面孔"的,而另一个动物则没有。社交机器人就像动物一样,占据着一种本质上无法决定的"谁"和"什么"之间的阈限位置。因此,无论 Jibo 还是另一种社交机器人是否能成为他者并不能提前决定,也不是以它们的内在属性为基础的。它将在面对现实的社会环境和互动中,一次又一次地协商、再协商。换句话说,它将脱离我们与社交机器人的实际社会关系,人们可以决定一个特定的机器人是否重要。由于这个原因,普雷斯科特才不愿注销或取消用户的真实体验。根据他的分析,技术用户在面对机器人时所做的事情很重要,因此需要认真对待。普雷斯科特(2017,145)总结道:"我们应该考虑到人是如何看待机器人的。比如他们可能觉得自己与机器人的关系是有意义和价值的,他们也可能会认为机器人具有重要的内在状态比如承受痛苦的能力,尽管他们并没有这种能力。"

Jibo 和其他类似的社交机器人并不是科幻小说,它们已经或即将出现在我们的生活和家庭中①。在面对这些社会情境和互动实体时,我们必须认定它们是否仅仅只是汽车、房子和牙刷之类的东西,还是像其他家庭成员一样重要的人,抑或是某种介于这两者之间的"准他者"。然而无论以何种方式来认定,这些实体无疑挑战了我们的伦理观念以及我们通常区分谁应该被视为他者、谁不应该被视为他者的方式。尽管我们有充分的理由担心这些技术将会怎样融入我们的生活,以及这些技术将会产生什么样的影响,但是这种担心不应成为杞人忧天的反应

---

① 截至本文撰写之时(2017 年 11 月),Jibo 的子公司终于开始发货了。尽管最初对生产进度感到十分乐观,预订的数量也令人印象深刻(部分原因是宣传视频的成功),但在产品的交付问题上出现了相当大的延误。

和排斥他者的理由。我们应该遵循列维纳斯的道德创新来维持这种可能性，即这些仪器很可能会将我们牵扯到社会关系中，在这种社会关系中它们呈现或被赋予了面孔。至少道德使我们有义务——而且是在我们对任何其他实体的内部运作和本体论状态一无所知之前就是如此——对这些实体可能成为他者保持开放的态度。因此，特克（2011，9）至少在这一点上是正确的，即我们愿意而且应该"愿意慎重考虑一下机器人不仅是宠物，还是潜在的朋友、知己，甚至是恋人"。而不是像特克最初所想的那样是一个需要不惜一切代价避免的危险弱点。这是道德。

二、超越权利的伦理

从某个角度来看，这种受列维纳斯影响的关系伦理至少在功能上似乎与第二种情态发展出来的伦理有着相似之处——即"应""是"有别且"应"不是从"是"衍生而来。特别值得一提的是，凯特·达林提出了一个将道德和法律考量扩展到社交机器人的方案，而不管它们是什么或可以是什么。那么，列维纳斯的提议与第四种情态（第5章）到底有什么不同呢？用一个词来概括，其重要的区别在于"拟人"。对达林而言，我们应该善待机器人的原因是我们可以从机器人身上看到我们自己身上的某种东西。即便这些特质和才能在这个机制中并不存在，我们也会通过拟人的方式把它们投射到他人身上——比如以社交机器人为代表的不同形式的他人身上。因此，达林认为正是因为对方的外表和感觉（对我们来说）与我们相似，我们才有义务在道德和法律上给予对方一定程度的考虑。

列维纳斯认为这种拟人化的操作正是目前的问题所在，因为这样就把他者简化成了相同的形式——即把他者变成了另一个自我和自己的镜像投射。列维纳斯故意抵制这种已经驯化甚至是违反他异性的姿态 [1]，他所倡导的伦理学则完全相反："他者的陌生感，他对我的不可还原性，对我的思想和财产的不可还原性，正是通过对我作为伦理学的自发性的质疑而实现的。"（Levinas 1969，43）因此，对于列维纳斯来说，伦理并不是建立在"尊重他人"的基础上，而是在面对他人以及由此产生的自我中断时出现的。因此，首要的道德姿态就是不要把赋予和扩展他者权利当成一种仁慈甚至是一种同情行为，而是应该考虑如何对出现在我面前让我和我的自制受到质疑的他者做出回应。所以列维纳斯哲学故意中断和抵制伯奇（1995，39）所认为的在所有形式的权利话语中，权利的实施都是有效的："赋予他人权利的核心在于……其先决条件是确保权力地位的存在和维持并从中获得授权。"在达林（2012 和 2016a）致力于研究"将法律保护延伸到社交机器人"时，列维纳斯则为我们提供了一种方式来质疑这种凌驾于他人之上的权力姿态所涉及的假设和后果。

因此，这种替代的结构与其说是对我们开始时提出问题的回答，不如说是改变了询问本身的条件。当人们询问"机器人能且应当拥有权利吗？"时，这种提问方式本身就已经做出了

----

[1] 这是列维纳斯和马丁·布伯（Martin Buber）交锋和争论的焦点之一。对列维纳斯来说，布伯所谓的你我关系具有将他者概念化为另一个自我的风险，这是一种对他异性的侵犯和暴力行为。想要更加深入了解列维纳斯和布伯之间纷繁复杂的争论，请参阅彼得·阿泰顿（Peter Atterton），马修·卡拉尔科和莫里斯·弗里德曼（Maurice Friedman）编辑的书《列维纳斯和布伯——对话与差异》（2004）。

一个假设：即权利是一种个人资产或财产，实体应该拥有或被
授予权利。然而，列维纳斯没有使用权利的概念和语言，这显
然是故意的。希勒尔·施泰纳（Hillel Steiner）（2006，459）指
出，"因为权利的本质是谁欠谁什么。"所以，对权利的考虑就
涉及一个主体（谁）和一个客体（谁）（Sumner 2000，289），
这就需要我们提前决定谁或什么可以成为权利的主体和客体。
正如德里达（1978，85）所言，列维纳斯哲学的目标是阐明
"主客体关系的首要地位"之前的东西。因此，严格地说，他者
既不是权利的主体（一个或多个霍菲尔德事件：特权、要求、
权力和豁免），也不是权利的客体（通常由意志或利益理论来
表述）。正如科克伯格（2016，190）简单描述的那样，差异
性不是一个名词："差异性是一个动词。""他者"（尽管用了 the
other 这样的语法结构）并不是一个在与他人产生交互之前就可
以提前宣布的实质性的主体地位。它是一种行为或事件，需要
对特定的社会挑战和互动做出反应。科克伯格（2016c，190）
用海德格尔的术语解释道，"它关乎体验（Erfahren）和发生在
你身上的周遭，它可以预设相遇（Wiederfahren）的维度。"

　　因此，不能将列维纳斯伦理简单地归入霍菲尔德学派的特
权、要求、权力和（或）豁免事件，它也不受意志理论或利益
理论的限制或支配。它阐明了一种先于这些标准规定的思维模
式。列维纳斯（1987，123）解释道："因为自我的条件或无条
件性并不始于一个至高无上的自我的自爱，而是在事件发生后
这个自我会对另一个人产生'同情'。有责任心的自我的独特性
可能只存在于对他人的迷恋中，存在于任何自我认同之前所遭
受的创伤中以及无法表征的过去中。"正如列维纳斯所描述的那

样，自我并不构成某种预先存在的自我肯定状态，这种状态位于自我之前，并且是随后与他人产生关系的原因。它（还）并未以一种同情心或同理心以及对权利（即特权、要求、权力和豁免）表示尊重的形式表现出来。相反，它变成了一种副产品，在自我能动形成之前不受控制、不可理解地暴露在他者面前。

同样，不能把他者理解为"道德的受动者"，因为他是行动者行为的接受者，他的利益和权利需要得到确认、考虑和适当的尊重。相反，与他者绝对和不可减少的接触是发生在这些规定之前，这不仅超出了他们对概念的理解和调控范围，而且使对立结构成为可能，并使之有序。这种对立结构后来形成了自我与他人、行动者与受动者、权利主体和客体之间的区别特征。换句话说，至少对于列维纳斯而言，事先决定主、客体或道德主、客体并不能确立任何自我与各种形式的他者可能相遇的条件。正好相反，他者通过面对、要求和打断自我参与这一过程来确立权利主、客体的标准角色被阐明和分配的条件。没有（或先于）权利的伦理是一种对他人的道德状况开放的伦理。

第 3 节　挑战、困境与问题

这并不是说，列维纳斯的创新就没有问题。其实，对列维纳斯哲学的批评并不鲜见。就我们的目的而言，至少有两个主要的难点使得列维纳斯哲学在机器人的应用上更加复杂化。

一、人类中心主义

尽管列维纳斯有效地回避并消除了拟人主义的复杂性（正

如凯特·达林和其他研究者所提倡的那样），尽管他的哲学承诺构建一种另类方式为导向的思维模式，但是他的哲学思想还是不可避免地以人类为中心。因此，如果要把他的理论应用到机器人且先不论非人类的动物或环境上，就只能通过故意违反他为自己的哲学思想设置的适当限制来实现。无论他的独特贡献有多重要，列维纳斯毋庸置疑地认为"他者"应该是人类。尽管杰弗里·尼伦（Jeffrey Nealon）（1998，71）并不是第一个发现这一问题的人，但他为这个问题给出了最为简洁的描述之一："在只考虑人脸和声音的主题化反应中，列维纳斯似乎并未涉足那古老而未经检验的同等特权，即人类且只有人类才具有逻各斯。正因如此，人类并不会对野蛮人或无生命的人做出回应，而只对那些有资格享有'人类'特权的人做出回应，对那些被认为拥有面孔和生活在理性中的人做出回应。"对列维纳斯以及他的众多追随者而言，他者已经完全被当作另一个人类行动者在运作。假设如列维纳斯所言，伦理学先于本体论，那么在列维纳斯的著述中人类学和某种人文主义仍然先于伦理学。

在后来的文献中出现了诸多关于人类中心主义及其意义的争论。德里达认为这是人文主义思想的残余，令人不安，因此有理由对其予以极大关注："列维纳斯认为当我们看着另一个人的目光时，我们必须忘记他眼睛的颜色，换句话说就是在看到别人看得见的眼睛之前，先看到凝视的人的脸。但是，当他提醒我们'认识他者最好的方式甚至不是注意他的眼睛的颜色'时，他指的是人，是亲戚和兄弟。他想到的是另一个人，我们将在后面把这一点作为一个重点关注的问题提出来。"（Derrida 2008，12）真正让德里达担心的不仅仅是人类中心主义（在这个特殊的背景下展示了一种独特的性别结构，这是人文主义传统的重要组成部分）限制了列维纳斯的哲学创新，而是它已经对其他动物的可能性做出了排他性决定的方式。相比之下，理查德·科恩在介绍列维纳斯的一本书时，曾试图对这个"问题"做出一个积极的解释："《他者人文主义》一书中有三章都在为人文主义辩护——一种建立在对人类尊严不可消减的信念之上、建立在对人类自由的有效性和价值的信念之上，因此也是建立在人类责任的信念之上的世界观。"（Cohen 2003，ix）然而，对于科恩来说，这个版本的人文主义是截然不同的；它包含一种激进的思想，把"人的人性"作为独特的伦理场所：从始至终，列维纳斯的思想不过是另一种人文主义。列维纳斯的哲学表达虽然远不及它的荣耀时刻，但并非难以辨别，即他人的最高道德优先权。它提出了"人的人性"，即"主体的主观性"概念，根据这一概念，"为他人"优于"为自己"。因此，作为形而上人类学的伦理学无疑就是"第一哲学"（Cohen 2003，xxvi）。

因此，如果要用列维纳斯的思想来解决机器人的道德或法律地位问题，就需要与列维纳斯自身的人类中心主义做斗争并努力摆脱这种束缚。幸运的是，这一应用——列维纳斯思想的过度解读——并非史无前例。事实上，在"激进化的列维纳斯"（Atterton 和 Calarco 2010），"拓展列维纳斯对他者的认识"（Davy 2007，41）以及在"面对事物"时阐述列维纳斯哲学（Benso 2001）等方面都有一些很好的尝试。卡拉尔科（2008，55）指出："尽管列维纳斯本人在很大程度上丝毫没有掩饰其教条主义的人类中心主义，但他的基本逻辑又不允许这样的人

类中心主义。严格来讲，列维纳斯对伦理学的论述逻辑不允许
这两种说法中的任何一种。事实上，列维纳斯的伦理哲学至少
应该是一种普遍伦理考量的概念，也就是说它是一种没有先天
限制或界限的不可知的伦理考量形式。"卡拉尔科对列维纳斯
提出了反驳，指出了对列维纳斯传统的另一种解读，他认为列
维纳斯叙述的逻辑实际上比哲学家最初提供的有限的解释更为
丰富和激进。这就意味着我们有义务把所有其他种类的事物比
如他人、动物、自然环境、人工制品、技术和机器人视为"他
者"。严格地说，试图预先限制谁可以或应该是他者的"利他
主义"并不是利他主义。

遗憾的是，即使是卡拉尔科的"列维纳斯激进化"也远远
不够。他的代表性名单以前被排除在外的其他物种包括"'低
等'动物、昆虫、泥土、毛发、指甲和生态系统"（Calarco
2008，71），可能对其他形式的差异性更敏感，但他还是做出了
排他性的决定，在这个列表中显然没有人工制品、技术和机器
人。芭芭拉·简·戴维也是如此，她也曾试图扩展 Levinas 哲
学，使其突破人类中心的限制。和卡拉尔科一样，尽管戴维在
"他者"列表上的种类更为广泛，但还是缺少人工或技术方面的
东西：

为了扩大列维纳斯对他者的认识，我的列表不仅包括人
类和其他动物，而且包括其他任何事物。对于列维纳斯来说，
"他者"总是被假定为一个人，我则将"他者"的现象学理解
扩展到了人类、动物、植物、岩石、风或水体等范畴。在列
维纳斯的伦理学中，他者是作为一个人的身份出现，而不是

通过范畴来进行主题化或解释的。"他者"阻断了一切事物的主题化进入自己的世界观。我认为其他类型的人也可以用这种方式来阻断一个人对世界的主题化（Davy 2007, 41）。

尽管研究者们致力于发展列维纳斯哲学，使其超越其自身固有的局限，突破以人类为中心的框架和参照点的限制，但这些后续的研究仍然把技术边缘化了。面对原则上各种各样可以呈现人脸的其他事物——动物、植物、岩石、水，甚至是指甲——机器人仍然没有面孔而且比他者更为不同，或者说超越了伦理范畴。

二、相对主义和其他困难

尽管面临诸多机遇，但是要将列维纳斯哲学拓展到其他形式的差异性很有可能会让自己暴露于道德相对主义的指控之下——即"声称没有放之四海而皆准的信仰或价值观"（Ess 1996, 204）或"信仰、规范、实践、框架等只有在特定的文化中才是合理的"（Ess 2009, 21）。坦率地说，如果道德地位是"相对的"（Coeckelbergh 的术语），并且对在不同时期因不同原因而做出的有关他人的不同决定持开放态度，难道我们不是在冒险肯定一种极端形式的道德相对主义吗？这个问题的答案取决于我们如何定义"相对主义"一词。正如我在其他场合所说（2010 和 2012），我们这里所谈的"相对"与物理等学科的"相对"有着完全不同的概念，因而不能像齐泽克（2000, 79 和 2006, 281）那样将其消极地理解和谴责为后现代多元文化主义失控的缩影或者像罗伯特·斯科特 Robert Scott（1976,

264）所描述的那样，"一个没有标准的社会或者至少是一个由
不同标准组成的迷宫，因此充斥着各种不同的、可能自私的利
益。"相反，按照斯科特的说法，"相对主义可能表明我们必须
通力合作建立标准并不断更新标准"（Scott 1976，264）。这就
意味着人们可以在通常意义的教条主义下继续批判"道德相对
主义"，同时开放地接受这样一个事实，即道德标准——就像许
多社会习俗和法律法规一样——是社会构建的形式。它既是差
异的主体，又受到差异的支配。

查尔斯·埃斯（2009，21）将这种选择称为"伦理多元主
义"。"多元主义是第三种可能性——一种介于绝对主义和相对
主义之间的可能性……伦理多元主义要求我们以一种'兼容并
蓄'的方式思考问题，因为它将共同的规范以及不同文化、不
同时代、不同地方的不同解释和应用结合在一起。"（Ess 2009，
21-22）同样，弗洛里迪（2013，32）提倡一种"不支持相对
主义的多元主义"，称为"中间地带"关系主义：当我批判一
个立场是相对主义或者当我反对相对主义的时候，我并不是要
把这种立场等同于非绝对主义，就好像我们只有两种选择，道
德价值要么是绝对的，要么是相对的，真理要么是绝对的，要
么是相对的。抽象的方法能让我们避免这种错误的二分法，例
如通过表明主观主义立场不需要是相对的，而只需要是相关的
（Floridi 2013，32）。齐泽克不是从伦理学而是从认识论的角度
出发提出了一个类似的观点：当然，在积极的知识层面上，我
们永远不可能获得真理，我们只能无限接近真理，因为语言最
终是自指的，没有办法在诡辩、强词夺理和真理本身之间划一
条明显的界限（这是柏拉图的问题）。拉康的赌注在这里成了

帕斯卡尔式的赌注：真理的赌注。但如何才能实现呢？当然不是通过追求"客观"的真理，而是通过坚持个人说话立场的真理（Žižek 2008b，3）。像弗洛里迪一样，齐泽克承认真理既不是绝对的（总是无处不在，始终如一），又不是完全相对的（怎么都行）；它总是从一种特定的表达立场出发来制定和实施，或者如弗洛里迪所说的"抽象层次"，是动态的和可改变的。

支持这种"道德多元主义"或"道德相对主义理论"并将其坚持到底，我们得到的并不是"怎么都行"和"什么都被允许"的情况（Camus 1983，67）。相反，我们得到的是一种更具活力和能够对21世纪不断变化的社会局势做出反应的伦理思想。虽然这种提法在理论上听起来是可行的，但在付诸实践的过程中会遇到很大的问题。特别是如果任何事物都能呈现面孔——比如动物、植物、岩石，甚至是机器人——这是否也表明由于某种原因，某些事物不能显现出面孔，从而仅仅被当作我使用和享乐的工具呢？有没有可能他者包括机器人在内所获得的东西——也就是说，他们可能出现在我们面前并且拥有一张面孔——事实上会朝着相反的方向去损害另一个（例如另一个人）的名誉？这个人由于这样或那样的原因无法获得同样的道德地位。如果面孔不是他者的一种实体属性，而是一种差异性的事件或存在，那么就像格迪斯（2015，274）指出的那样，"关系转向"是否存在这样的风险：我们可能会失去一些有价值的东西，"人与人之间的关系可能会被人与机器人的关系所掩盖？"

这是一个更实际的问题，不能简单地通过遵从伦理多元主义的概念或道德相对论来回答。在这里提供一种可行的回应方式——我们可以将其称之为保守版本——在面对所有其他事物时再次确立人类例外论，这正是凯瑟琳·理查森所主张的立场：

假如这台机器能变成另一台机器，这对于机器人和人工智能科学家如何概念化"关系"又有什么意义呢？是工具性关系吗？还是相互关系和互惠关系？人与人之间有很多种不同的关系。我们的市场经济结构发挥了重要作用，因此在工作领域中，人与人之间的接触具有正式互动的特征……这些正式的交互在我们的生活经历中占了很大比例。一些哲学家将这种人与人之间的关系描述为"工具性的"。如果这种关系是"工具性的"，那么在这种情况下，人是"仪器"还是"工具"？人类从来都不是工具或仪器，即使人与人之间的关系具有正式的特性。当我们在收银台遇到一位收银员或餐厅服务人员时，他们并没有因为只是在特定情况下正式地表达自己就失去了人的属性。人们也不会在进入工作场景后就失去人的属性而变成工具，然后在私人空间里又恢复了人的属性。在每一次相遇中，我们都是作为一个人，作为共同人性的一员而相识的（Richardson 2017，1）。

理查森关于"人类从来不是工具或仪器"的论断不但忽视了这样一个事实，即在人类历史的相当长一段时期（甚至现在），人们一直将个别的人类个体和群体视为工具或仪器（比如奴隶），而且采取了一种教条主义和绝对主义的修辞形式，使用了诸如"从不"和"每次相遇"这样绝对的字眼。换句话说，针对关系主义或相对主义的潜在危害，理查森的回应不过就是从真理的极权主义主张退回到了绝对主义的立场而已。但正是这一姿态及其遗留问题——这种毋庸置疑的人类例外论主张以及通过共同的潜在的"人性"将差异缩小到相同的程度，而这种"人性"总是被某种特定的权力地位定义和捍卫——受到了质疑。

另一种回答这个问题的方法就是，在这里采用安妮·弗尔斯特的建议（理查森主张的人格术语），认识到差异性不是（至少在实践中）无限的或绝对的："我们每个人只能赋予少数人人格，但是道德立场总是要求我们必须赋予每个人人格，但事实上我们无法做到。从情感上来讲，我们并不关心别的国家有一百万人死于地震。尽管我们努力尝试，但我们真的做不到，因为我们并未共享相同的物理空间。如果我们的狗生病了，这对我们来说可能更重要。"（Benford 和 Malartre 2007，163）这一说法可能更真实地反映了道德决策和差异性发生的方式。它没有宣称绝对主义是一种总体性（用 Levinas 的话来讲），而是对更具流动性、灵活性和情境依赖性的差异性特定结构持开放态度。但是，正如格迪斯（2015）所认识到的那样，这个提法仍然存在对我们的道德直觉有害的东西。这可能是基于这样一个事实，列维纳斯激发的道德准则并没有对差异性做出一个一劳永逸的单一和绝对的决定。

与他人的相遇——面对面的出现——是及时发生的事情，需要一次又一次协商。因此，道德的工作是永无止境的。这是一种持续不断的责任，要求一个人做出反应，并对自己的反应负责。这是一种没有风险的道德思考和行为方式吗？当然不是。但风险本身就是道德的所在，也是一个人在与他人交往时必须面对的挑战，无论他是人类、动物还是其他任何事物。

第 4 节　结语

"每一种哲学，"本索（2000，136）用一种全面而准确的解决问题的姿态写道，"都是对整体性的追求。"她认为这一目标是通过如下两种途径之一来实现的："西方传统思想通过对各部分进行还原、整合和系统化来追求整体性。总体性取代了整体性，其结果造成了极权主义，使真正的他者从中逃脱，从而暴露了该体系的缺陷和谬误。"这正是列维纳斯（1969）在"总体性"一词下所认同的暴力哲学思维，主要包括标准的行动者中心法（即结果论、义务论、道德伦理等）和非标准的受动者中心法（即动物权利、生物伦理和信息伦理）。与总体性方法相对的另一种选择是列维纳斯提出的以其他方式为导向的另类哲学。然而，这一另类的方法"必须从他异性而不是同一性出发，不仅仅是从他者出发，而且是他者的差异性出发，如果是这样，则是另一个他者的差异性出发。在'必须'这一点上，还必须意识到他者的任何提法都包含了不可避免的不公正性"（Benso 2000，136）。本索所认定和呼吁的这种"不公正性"不仅体现在列维纳斯独特的人类中心主义上，也体现在那些试图纠正这种"他者人文主义"的人继续排斥或边缘化通用化技术尤其是机器人的方式上。

由于上述原因，对于机器人的权利问题还是没有一个明确的答案——即简单而直接的"是"或"不是"。按照丹尼尔·丹尼特在《为什么你不能制造出一台能感觉到疼痛的计算机》（1978 和 1998）一书中的论证策略，可以说这一结果并不是技术固有或本质缺陷的必然产物，而是权利的论述以及道德地位通常受到质疑和解决问题的方法本身就使用了有问题的结构和逻辑这个事实的结果。"是否可以接受把权利授予某些机器人，"科克伯格（2010a，219）的结论是，"对人工智能机器人发展的反思揭示了我们现有的道德关怀的正当性存在重大问题。"因此，机器人的权利问题，不仅是一个把道德关怀延伸到历史上被排除在外的他者的问题，这实际上会使现存的道德哲学机制保留下来充分发挥作用而不会受到挑战。相反，机器人的权利问题（假设保留这一特定词汇是可取的）提出了一个基本的伦理学主张，要求我们从根本上重新思考道德关怀的体系。正如列维纳斯（1981，20）所解释的那样，这将是一场"永无止境的哲学方法论运动"，它不断与公认的规范和实践作斗争，努力做到换个角度思考——不仅仅是不同的角度，而且是以一种对他人做出回应、负责任的不同方式来思考。

因此，这本书的结尾可能不像大家最初预期的那样，也就是通过收集论据来支持允许机器人，一种特殊类型的机器人，甚至仅仅是一个具有代表性的机器人进入道德或法律主体地位。相反，它的结论对伦理学和道德哲学对他者地位问题的典型定义、决定和辩护方式提出了根本挑战。虽然以这种方式结尾——实际上是用一个问题来回答另一个问题——通常被认为是糟糕的形式，但事实并非如此，这是因为质疑是哲学思想的决定性因素。"我是一个哲学家，而不是科学家，"丹尼特（1996，vii）写道，"我们哲学家更擅长提出问题而不是回答问题。我并不想从一开始就让自己和所研究的学科蒙羞。找到更好的问题，打破旧的习惯和传统的提问方式，这是人类了解自己和世界这一浩瀚工程的难点所在。"因此,《机器人权利》这本书的目的并非想要代表某一思想而提出一些明确的宣言,或提供大量证据来为现有争议中的一方或另一方进行辩护。我们的目标是找到分析问题和解决问题的具体方法。因此,问题不仅在于调查机器人是否能且应当拥有权利,也许更为重要的是揭示关于权利的问题是如何构成以及这些构成如何包容或排斥他者,或者就用齐泽克(2006b,137)的话来说,"机器人能且应当拥有权利吗?"这个问题就询问的形式即我们理解和定义问题的方式而言"已经成为解决问题的障碍"。

因此,对机器人权利的探究不仅仅是应用道德哲学的一个版本或它的简单重复,而且开启了对所谓"伦理"问题的彻底而深刻的挑战。对这个问题的回答将成为我们着眼未来、思考未来的任务。换句话说,如果机器人的权利问题从一开始就是"不可想象的"(Levy 2005,393)——或者即便不是完全不可想象,至少很难想象①它在机器人伦理、机器人之伦理、机器伦理、机器人哲学等领域中处于边缘地位——那么对我们而言,如果这本书能够让我们思考以前从未想过的问题(典型的海德格尔表述)或者(如果一个人不喜欢大陆哲学而是更喜欢分析哲学)能让"机器人能且应当拥有权利?"这个问题变得更加容易解决,这就足够了。我们将何去何从,或者从这一刻开始我们能做什么,应该做什么,这仍将是我们在面对机器人时需要回答的问题。

---

① 值得一提的是"很难想象",不仅因为这种想法本身就很"难",它挑战了思维本身的概念性,而且因为对于许多思想家而言,在面对这种不可想象甚至是"荒谬"的想法时,很难保持"表情严肃"(见第 1 章)。